SHIPINGZHUANYE CHUANGXIN

复旦卓越·应用型教材

CHUANGYEXUNLIAN

食品专业
创新创业训练

吴玉琼／主　编

傅新征／副主编

复旦大学出版社

前 言 Preface >>

　　为贯彻落实《国务院关于推动创新创业高质量发展打造"双创"升级版的意见》和《国务院办公厅关于深化高等学校创新创业教育改革的实施意见》,教育部办公厅《关于做好深化创新创业教育改革示范高校 2019 年度建设工作的通知》(教高厅函〔2019〕22 号)要求把创新创业教育贯穿人才培养全过程,深入推进创新创业教育与专业教育紧密结合,优化专业课程设置,挖掘和充实各类专业课程的创新创业教育资源,将专业知识传授与创新创业能力训练有机融合,提升学生的专业研发兴趣和能力,为学生从事基于专业的创新创业活动夯实基础。

　　食品质量与安全专业是一个多学科融合的专业,包括食品科学、营养与食品卫生学、分析化学、微生物学和公共管理等学科领域,如何将多学科领域知识综合运用并融合于创新创业教育中,成为了高校应用转型改革的重要任务。为突出学生综合实践能力的培养,我校食品质量与安全专业实验课程按递进式分别设置为食品专业基础实验、食品专业综合实验、食品专业创新实验。食品专业创新实验将食品工艺、食品微生物检验、食品感官质量评定、食品安全控制技术、食品分析、试验设计等知识、能力综合应用于实际生产问题,教学目标是使学生提高知识综合应用与创新能力。《食品专业创新创业训练》是专门为食品专业创新实验教学编写的指导书。

　　《食品专业创新创业训练》包括 7 项实验项目,每个项目均由目的、相关知识及原理、要求、操作步骤、任务报告及相关案例组成,对学生进行产品研发方面的创新及创业起到指导作用。由吴玉琼老师任主编兼统稿,负责编写项目一、项目二、项目三;傅新征老师任副主编,负责编写项目四、项目五、项目六、项目七。

福建圣农集团有限公司、福建长富乳品有限公司为此书提供大力支持,在此致以诚挚的谢意。由于编者的学识水平及实践能力有限,难免存有不当之处,诚望读者赐教指正,提出宝贵意见。

编　者

2019 年 12 月

食品专业创新实验课程说明

【教学目标】

知识学习目标:使学生明确新产品研发的一般流程,学会市场调研及撰写调研报告,能设计新产品配方及工艺,能运用食品感官质量评定、食品微生物检验和食品分析等相关方法检验新产品安全性,能制定新产品 HACCP 计划及产品标准。

能力培养目标:锻炼学生创新能力和运用食品专业知识解决实际生产中整合性、复杂性食品质量与安全管理问题的能力;培养学生的创业意识、团队协作意识、遵守行业道德规范及终身学习意识。

【学习主线】

以新产品研发为主线,通过新产品研发的一般流程模拟企业研发团队完成产品研发任务。

新产品研发的一般流程:市场调研—新产品构思—新产品构思筛选—新产品设计—新产品加工—新产品品质评价—新产品试销—新产品调试—新产品标准制定。

【项目内容】

项目名称	内 容 提 要
市场调查	设计市场调查表;实施调查,做好调查记录;调查结果以图、表展示。
调研报告	根据市场调查结果分析撰写调研报告。
新产品设计及加工	依据新产品研发调研情况确定新产品名称,设计新产品配方及工艺;按照新产品配方及工艺流程加工产品。
新产品品质检验与评价	分别采用感官质量评定、理化检验、微生物检验等方法检验产品质量与安全;形成检验报告。
新产品标准的制定	依据各类产品的国家标准制定新产品标准。
新产品的 HACCP 制定	依据食品安全控制技术所学的危害分析及关键控制点制定 HACCP 计划。
新产品试销	以小组为单位分批试加工新产品在校园内试销并收集消费人群对产品的评价;形成新产品改进方案。

【报告要求】

以每小组为单位上交项目报告,一个小组即为一个研发团队,每次报告中需写明分工、合作工作清单(每位成员负责完成什么任务,分工要详细、更要清晰);项目报告均采用 A4 纸打印;每个项目报告自行设计封面,封面需注明项目名称、小组成员、团队 LOGO 等内容。

【实施与监控】

食品专业创新实验课程较多任务需要学生利用课余时间完成(如市场调查、调研报告的撰写、产品加工、产品试销等),课内安排的学时主要是完成每项任务的汇报、检查及评价。

目 录 Contents   >>

1

[目的]

学会设计市场调查表；能按需要组织实施市场调查；能根据调查结果进行数据分析。

[相关知识及原理]

一、定义

市场调查是指用科学的方法，有目的、系统地搜集、记录、整理和分析市场情况，了解市场的现状及其发展趋势，为企业的决策者制定政策、进行市场预测、做出经营决策、制定计划等提供客观、正确的依据。

二、分类

1. 常见的市场调查。

消费者调查：针对特定的消费者做观察与研究，有目的地分析他们的购买行为、消费心理演变等。

市场观察：针对特定的产业区域做对照性的分析，从经济、科技等有组织的角度来做研究。

产品调查：针对某一性质的相同产品研究其发展历史、设计、生产等相关因素。

广告研究：针对特定的广告做其促销效果的分析与整理。

2. 市场调查的内容。

市场测试(test marketing)：在产品上市前，提供一定量的试用品给指定消费者，透过他们的反应来研究此产品未来市场的走向。

概念测试(concept testing)：针对指定消费者，利用问卷或电话访谈等其他方式，测试新的销售创意是否有其市场。

神秘购物(mystery shopping)：安排隐藏身份的研究员购买特定物品或消费特定的服务，并完整记录整个购物流程，以此测试产品、服务态度等，又被称作神秘客或神秘客购物。

零售店审查(store audits)：用以判断连锁店或零售店是否提供妥当的服务。

需求评估(demand estimation)：用以判断产品最大的需求层面，以找到主要客户。

销售预测(sales forecasting)：找到最大需求层面后，判断能够销售多少产品或服务。

客户满意度调查(customer satisfaction survey)：利用问卷或访谈来量化客户对产品的满意程度。

分销审查(distribution channel audits)：用以判断可能的零售商、批发业者，对产品、品牌和公司的态度。

价格调整测试(price elasticity testing)：用来找出当价格改变时，最先受影响的消费者。

象限研究(segmentation research)：将潜在消费者的消费行为、心理思考等用人口统计的方法分为象限来研究。

消费者购买决定过程研究(consumer decision process research)：针对容易改变心意的消费者去分析，什么因素影响他买此产品，以及他改变购买决定时的行为模式。

品牌命名测试(brand name testing)：研究消费者对新产品名的感觉。

品牌喜好度研究(brand equity)：量化消费者对不同品牌的喜好度。

广告和促销活动研究 (advertising and promotion activities)：调查销售手法，如广告，是否有达到理想的效益，看广告的人真的理解其中的信息吗？他们真的因为广告而去购买吗？

以上这些市场研究的形式是以"解决问题"的方式来分类的。

此外也有不同的分类方式，如"探索性的""决定性的"。"探索性"的方式比较注重问题的解码和分析，并强调结论式的洞见和领悟；而所谓"决定性"的研究经常用来推断整体的消费者。

三、作用

1. 有助于更好地吸收先进经验和最新技术，改进生产技术，提高管理水平。

当今世界，科技发展迅速，新发明、新创造、新技术和新产品层出不穷，日新月异。这种技术的进步自然会在商品市场上以产品的形式反映出来。通过市场调查，可以得到有助于我们及时地了解市场经济动态和科技信息的资料信息，为企业提供最新的市场情报和技术生产情报，以便更好地学习和吸取同行业的先进经验和最新技术，改进企业的生产技术，提高人员的技术水平，提高企业的管理水平，从而提高产品的质量，加速产品的更新换代，增强产品和企业的竞争力，保障企业的生存和发展。

2. 为企业管理部门和有关负责人提供决策依据。

任何一个企业只有在对市场情况有了实际了解的情况下，才能有针对性地制定市场营销策略和企业经营发展策略。在企业管理部门和有关人员要针对某些问题进行决策时，如进行产品策略、价格策略、分销策略、广告和促销策略的制定，通常要了解的情况和考虑的问题是多方面的，主要有：本企业产品在什么市场上销售较好，有无发展潜力；在某个具体的市场上预期可销售数量是多少；如何才能扩大企业产品的销售量；如何掌握产品的销售价格；如何制定产品价格，才能保证在销售和利润两方面都能上去；怎样组织产品推销，销售费用又将是多少;等等。这些问题都只有通过具体的市场调查,才可以得到具体的答复,而且只有通过市场调查得到的具体答案才能作为企业决策的依据。否则,就会形成盲目的和脱离实际的决策,而盲目则往往意味着失败和损失。

3. 增强企业的竞争力和生存能力。

商品市场的竞争由于现代化社会大生产的发展和技术水平的进步,而变得日益激烈化。市场情况在不断地发生变化,而促使市场发生变化的原因,不外乎产品、价格、分销、广告、推销等市场因素和有关政治、经济、文化、地理条件等市场环境因素。这两种因素往往又是相互联系和相互影响的,而且不断地发生变化。因此,企业为适应这种变化,就只有通过广泛的市场调查,及时地了解各种市场因素和市场环境因素的变化,从而有针对性地采取措施,通过对市场因素,如价格、产品结构、广告等的调整,去应对市场竞争。对于企业来说,能否及时了解市场变化情况,并适时适当地采取应变措施,是企业能否取胜的关键。

四、方法

按市场调查的手法技术性分类,市场调查有下列四种手法:

1. 定性营销研究(qualitative marketing research):最常被使用。简单来说就是从受访者的数字回答中去分析,不针对整个人口,也不会做大型的统计。常见的例子有:焦点族群、深度访谈、专案进行等。

2. 定量营销研究(quantitative marketing research):采用假说的形式,使用任意采样并从样品数来推断结果,这种手法经常用在人口普查、经济调查等大型的研究。常见的例子有:大型问卷、咨询表系统等。

3. 观察上的技术(observational techniques):由研究员观察社会现象,并自行设定十字做法,就是水平式比较(通常是指时间性的比较)与垂直式的比较(与同时间不同社会或不同现象比较)。常见的例子有:产品使用分析、浏览器行为跟踪。

4. 实验性的技术(experimental techniques):由研究员创造一个半人工的环境测试使用者。这个半人工的环境能够控制一些研究员想要对照的影响因子,例子包括建设实验室、试销会场。

市场调查研究员经常综合使用以上四种手法,他们可能先从第二手资料(secondary data)获得一些背景知识,然后举办目标消费族群访谈(定性研究设计)来探索更多的问题,最后也许会因客户的具体要求而进一步做大范围、全国性的调查(定量)。

市场调查有如下一些专业术语。

阶式分析(mata-analysis,亦称为 schmidt-hunter technique),认为应该进行多项和多类型的研究以便完成最终的统计。

概念化(conceptualization),则意味着将隐喻的心理图像转换成清楚的概念。

运算化(operationalization),则是由研究员量测特殊并显见的消费者行为之后,转化成概念的一种方式。

精确度(precision),则是任一种市调方式量测的精确度比较。

可靠性(reliability),即将市场调查之后资料分析的结果与原本的计划进行比对,如不符合则需要重新再调整。

有效性(validity),则意指在市场调查过程的设计和量测中,时、地、人是否太过复杂或已经偏离当初的主题,市场研究员为了取得有效数据,必须经常反问自己"是否正在测量原先打算测量的数据?"

应用研究(applied research),意谓提出具体而且有价值的假说来满足支付研究费的客户,例如:财力雄厚的香烟公司也许委任市场调查公司进行一个试图证明香烟有益健康的调查,许多研究员在做此类型的应用研究时,往往会面临一定程度的道德困扰。

假市调真推销(selling under the guise of market research, SUG)是指一种有争议的销售技巧。有些销售人员会假装为市场研究员,表面上进行调查研究,但事实则为促销行为,这种例子最常发生在电话访问中,受访者会感觉对方不停加强销售意图,并企图引起受访者购买的意愿。

假市调真募钱(fund-raising under the guise of market research, FRUG)是一种争议性的募集资金行为,有些新公司会伪装成市调公司,开假案以取得大量经费。

市场调查的方法主要有观察法、实验法、访问法和问卷法。

(1) 观察法(observation):是社会调查和市场调查研究的最基本的方法。它是由调查人员根据调查研究的对象,利用眼睛、耳朵等感官以直接观察的方式对其进行考察并搜集资料。例如,市场调查人员到被访问者的销售场所去观察商品的品牌及包装情况。

(2) 实验法(experimental):由调查人员根据调查的要求,用实验的方式,将调查的对象控制在特定的环境条件下,对其进行观察以获得相应的信息。控制对象可以是产品的价格、品质、包装等。在可控制的条件下观察市场现象,揭示在自然条件下不易发生的市场规律,这种方法主要用于市场销售实验和消费者使用实验。

(3) 访问法(interview):可以分为结构式访问、无结构式访问和集体访问。

结构式访问是实现设计好的、有一定结构的访问问卷的访问。调查人员要按照事先设计好的调查表或访问提纲进行访问,要以相同的提问方式和记录方式进行访问。提问的语气和态度也要尽可能地保持一致。

无结构式访问是没有统一问卷,由调查人员与被访问者自由交谈的访问。它可以根据调查的内容,进行广泛的交流。如:对商品的价格进行交谈,了解被调查者对价格的看法。

集体访问是通过集体座谈的方式听取被访问者的想法,收集信息资料。可以分为专家集体访问和消费者集体访问。

(4) 问卷法(survey):是通过设计调查问卷,让被调查者填写调查表的方式获得所调查对象的信息。在调查中将调查的资料设计成问卷后,让调查对象将自己的意见或答案,填入问卷中。在一般进行的实地调查中,以问答卷采用最广,同时问卷调查法在网络市场调查中也运用得较为普遍。

五、内容

市场调查的内容涉及市场营销活动的整个过程,主要包括:

1. 市场环境的调查。

市场环境调查主要包括经济环境、政治环境、社会文化环境、科学环境和自然地理环境等。具体的调查内容可以是市场的购买力水平、经济结构、国家的方针、政策和法律法规、风俗习惯、科学发展动态、气候等各种影响市场营销的因素。

2. 市场需求调查。

市场需求调查主要包括消费者需求量调查、消费者收入调查、消费结构调查、消费者行为调查,包括消费者为什么购买、购买什么、购买数量、购买频率、购买时间、购买方式、购买习惯、购买偏好和购买后的评价等。

3. 市场供给调查。

市场供给调查主要包括产品生产能力调查、产品实体调查等。具体为某一产品市场可以提供的产品数量、质量、功能、型号、品牌等,生产供应企业的情况等。

4. 市场营销因素调查。

市场营销因素调查主要包括产品、价格、渠道和促销的调查。

(1) 产品的调查主要有了解市场上新产品开发的情况、设计的情况、消费者使用的情况、消费者的评价、产品生命周期阶段、产品的组合情况等。

(2) 产品的价格调查主要有了解消费者对价格的接受情况,对价格策略的反应等。

(3) 渠道调查主要包括了解渠道的结构、中间商的情况、消费者对中间商的满意情况等。

(4) 促销活动调查主要包括各种促销活动的效果,如广告实施的效果、人员推销的效果、营业推广的效果和对外宣传的市场反应等。

5. 市场竞争情况调查。

市场竞争情况调查主要包括对竞争企业的调查和分析,了解同类企业的产品、价格等方面的情况,他们采取了什么竞争手段和策略,做到知己知彼,通过调查帮助企业确定企业的竞争策略。

六、过程

市场调查是企业制定营销计划的基础。企业开展市场调查可以采用两种方式:一是

5

委托专业市场调查公司来做;二是企业自己来做,企业可以设立市场研究部门,负责此项工作。

市场调查工作的基本过程包括:明确调查目标、设计调查方案、制定调查工作计划、组织实地调查、调查资料的整理和分析、撰写调查报告。

1. 调查目标。

进行市场调查,首先要明确市场调查的目标。按照企业的不同需要,市场调查的目标有所不同,企业实施经营战略时,必须调查宏观市场环境的发展变化趋势,尤其要调查所处行业未来的发展状况;企业制定市场营销策略时,要调查市场需求状况、市场竞争状况、消费者购买行为和营销要素情况;当企业在经营中遇到了问题,这时应针对存在的问题和产生的原因进行市场调查。

2. 调查方案。

一个完善的市场调查方案一般包括以下几方面内容:

(1) 调查目的要求。根据市场调查目标,在调查方案中列出本次市场调查的具体目的要求。例如:本次市场调查的目的是了解某产品的消费者购买行为和消费偏好情况等。

(2) 调查对象。市场调查的对象一般为消费者、零售商、批发商。零售商和批发商为经销调查产品的商家,消费者一般为使用该产品的消费群体。在以消费者为调查对象时,要注意到有时某一产品的购买者和使用者不一致,如对婴儿食品的调查,其调查对象应为孩子的母亲。此外还应注意到一些产品的消费对象主要针对某一特定消费群体或侧重于某一消费群体,这时调查对象应注意选择产品的主要消费群体,如对于化妆品,调查对象主要选择女性;对于酒类产品,其调查对象主要为男性。

(3) 调查内容。调查内容是收集资料的依据,是为实现调查目标服务的,可根据市场调查的目的确定具体的调查内容。如调查消费者行为时,可按消费者购买、使用、使用后评价三个方面列出调查的具体内容项目。调查内容的确定要全面、具体、条理清晰、简练,避免面面俱到,内容过多,过于繁琐,避免把与调查目的无关的内容列入其中。

(4) 调查表。调查表是市场调查的基本工具,调查表的设计质量直接影响到市场调查的质量。设计调查表要注意以下几点:

a 调查表的设计要与调查主题密切相关,重点突出,避免可有可无的问题。

b 调查表中的问题要容易让被调查者接受,避免出现被调查者不愿回答或令被调查者难堪的问题。

c 调查表中的问题次序要条理清楚,顺理成章,符合逻辑顺序,一般可遵循容易回答的问题放在前面,较难回答的问题放在中间,敏感性问题放在最后;封闭式问题在前,开放式问题在后。

d 调查表的内容要简明,尽量使用简单、直接、无偏见的词汇,保证被调查者能在较短的时间内完成调查表。

(5) 调查地区范围。调查地区范围应与企业产品销售范围相一致,当在某一城市做市场调查时,调查范围应为整个城市;但由于调查样本数量有限,调查范围不可能遍及城市的每一个地方,一般可根据城市的人口分布情况,主要考虑人口特征中收入、文化程度等因素,在城市中划定若干个小范围调查区域。划分原则是使各区域内的综合情况与城市的总体情况分布一致,将总样本按比例分配到各个区域,在各个区域内实施访问调查。这样可相对缩小调查范围,减少实地访问工作量,提高调查工作效率,减少费用。

(6) 样本的抽取。调查样本要在调查对象中抽取,由于调查对象分布范围较广,应制定一个抽样方案,以保证抽取的样本能反映总体情况。样本的抽取数量可根据市场调查的准确程度的要求确定,市场调查结果准确度要求愈高,抽取样本数量应愈多,但调查费用也愈高,一般可根据市场调查结果的用途情况确定适宜的样本数量。实际市场调查中,在一个中等以上规模城市进行市场调查的样本数量,按调查项目的要求不同,可选择 200—1 000 个样本,样本的抽取可采用统计学中的抽样方法。具体抽样时,要注意对抽取样本的人口特征因素的控制,以保证抽取样本的人口特征分布与调查对象总体的人口特征分布相一致。

(7) 资料的收集和整理方法。市场调查中,常用的资料收集方法有调查法、观察法和实验法,一般来说,前一种方法适宜于描述性研究,后两种方法适宜于探测性研究。

企业做市场调查时,采用调查法较为普遍,调查法又可分为面谈法、电话调查法、邮寄法、留置法等。这几种调查方法各有其优缺点,适用于不同的调查场合,企业可根据实际调研项目的要求来选择。

资料的整理方法一般可采用统计学中的方法,利用 Excel 工作表格,可以很方便地对调查表进行统计处理,获得大量的统计数据。

[要求]

1. 各小组自行设计调查表;在规定的时间内完成市场调查工作。

2. 提交调查原始资料及数据分析结果(以图、表展示)。

[操作步骤]

1. 文献检索:通过查阅文献,了解果蔬制品、液态饮品、乳制品、焙烤食品、肉制品、水产品、调味品、休闲食品等几类食品的生产、工艺、消费等情况。

2. 确定研发方向:根据查阅文献分析、确定本小组研发方向为哪类食品。

3. 市场调查表设计:调查主要内容有产品种类、产品名称、主要品牌、原料、生产厂家、包装形式、包装材料、标签内容、价格、保质期、消费情况等相关信息,依据调查目的设计调查表(参考案例)。

4. 组织实施市场调查:小组分工合作利用课下时间完成调查任务。

5. 调查结果分析:小组分工合作分项进行数据处理及分析,绘制分析结果图(制作线性图或柱状图或列三线表)。

[任务报告]

1. 由各小组(研发团队)共同设计的调查表。

2. 数据分析结果。

3. 市场调查的原始资料(A4 纸打印版,调查时填写的手稿)。

[调查表案例]

例1 速冻火锅调理食品市场调查表(一)

针对速冻食品经销商/批发商的调研(10—20 家)

1. 经营速冻食品的时间多久? 如何看待当地的速冻食品行业的发展趋势?

● 多则十余年,少则五六年。

● 当地速冻丸子这几年总体呈下降趋势。没有前几年好。但是速冻行业整体是呈上升趋势,发展好还是要质量取胜,但价格不能太高。而且丸子品种不能如此重复单一。产品线的深度、宽度还有待补充。但是近几年由于几个大品牌如三全、思念等品牌的汤圆、水饺出现质量问题,对整个行业还是有很大影响。而绵阳水产市场的冻禽肉类的销量还好,主要是与当地消费习惯有关,喜欢大鱼大肉,但是对于丸子不如北方或者沿海一带人士喜欢。

● 目前烧烤系列的销量大于丸子系列。

2. 目前的速冻产品都存在一些什么问题(提示从品牌、品质、包装、品类等方面)?

● 品牌多,但是能成为行业主导的还是没有,能让消费者记住的品牌也寥寥无几。品牌购买率低。而丸子目前能排第一的暂时是海霸王。

● 品质都偏差,只有个别几个厂家的丸子稍好,但是价格又太高,且生产的技术不成熟,运输过程中的污染,对品质都大打折扣。大多储存条件都达不到速冻温度的要求,导致本该保质 12 个月的产品会提前变质。市场上新品虽有,但是能真正让消费者记住的少。

● 包装大同小异,流通为 2.5 kg/袋,4 袋/件为主。1.5 kg/袋,4 袋/件为辅。较少有 500 g/袋。商超为 6—8 粒小包装称斤数为主,也有散装。有的生产日期印得不明确。大多数包装箱内没有合格证。有的因为是包冰丸,所以有时净重与实际重量有差别。

● 品类各家是大同小异,没有什么特别新颖的品种。

● 现在生产厂家多,但是真正成工业化生产的企业还很少。设备、原料、质量、销售等方面能作为整个行业的领导者的没有,而这些方面的缺失导致了较大的销售额却利润甚少,附加价值不高。管理跟不上也是主要问题之一。终端空间几乎无占领的。

3. 目前经营速冻食品的品牌有多少个(尽量多的列举)?

海霸王、海欣、安井、八记、天合堂、佳士博、惠发、得利斯、升隆、白洋、海壹、三全、鸿芳、福建腾新、双汇、港福、享口福、海当家、鹤福、重庆子午食品(做水晶包、水晶饺系列)、重庆豪磊、佑康。

4. 认为比较好的品牌有哪几个(最多列举不超过10个)?

海霸王、海欣、安井、升隆。

5. (按照第4题中列出的品牌逐一询问)品牌特色是什么,好在什么地方?

● 海霸王:暂时处于行业首脑地位,且在消费者心目中品牌意识强,发展时间在行业中较早。以虾饺最为畅销。

● 海欣:近4年内发展最快的一家速冻丸子企业。着力于品牌打造。请明星做广告,车身广告做得较好。质量应该好于海霸王,而且价格现目前为最高。是应该效仿的企业。以鱼排最为畅销。

● 安井:以鱼肉卷为首。

● 升隆:着重于终端。以专卖店形式,且赠送农贸市场客户冰柜。以鱼豆腐为主。

6. 综合所有经营的品牌来说,哪些品类受欢迎,哪些口味受欢迎?

海霸王——虾饺、水晶包　　鸿芳——鲍鱼片　　海欣——鱼排、鱼皮脆

安井——鱼肉卷　　　　　海当家——蟹足棒　　白洋——撒尿丸

升隆——鱼豆腐、燕饺、包心鱼丸

7. (依次向被访者提及第3题中所列的品牌)高档、中档、低档品牌各有哪些,各自流向哪些渠道?

● 高档:海霸王、海欣、安井、八记。

● 中档:天合堂、佳士博、升隆、三全、白洋、海壹。

● 低档:享口福、范府。

8. (承接第7题)高档品牌以哪几个渠道为主(分别列出),中档品牌以哪几个渠道为主(分别列出),低档品牌以哪几个渠道为主(分别列出)?

● 高档例如海霸王、海欣。以四川总代理、特约经销商制,以返点为主。渠道为流通(到各市县水产批发市场,再由各个批发商发往学校、乡村、农贸市场)商超,以专门做商超的贸易商为主。

● 中档也大概如上。

● 低档主要流通为学校、乡村。又以乡村的坝坝宴为主,而旺季则为9月至次年3月。

9. 对目前整个速冻产品的产品包装有什么看法? 从您的角度看产品包装是否重要,认为产品包装有什么可以改善和提高的方面。

- 包装都太统一,没有什么新奇的。
- 包装当然重要,外观美丽会促使顾客进一步接触产品。
- 基本的包装规格和应该具备的条件当然要达到,然后就是包装设计上面花心思。一定要把上述的包装问题解决掉。

10. 您认为一个高档速冻产品应该是什么样的,分别从包装、产品配料、口味、配料等方面进行阐述。

- 这些方面都在上面阐述了,而最为重要的两点是质量和包装,然后是市场投入力度、后期跟进速度等。

11. 速冻食品一般在哪几个月份的销量高,月销量大概多少(吨/月)? 哪几个月份的销量低,月销量多少(月/吨)?

- 高销量为9月—次年3月。因为在川渝地区冬天家里煮火锅的比较多,然后酒席也会办得比较多。
- 低销量4—8月。主要是因为天气炎热,各大农贸市场或者小超市都会腾出冰柜卖冻鸡脚鸭脚、鸡鸭肉类,或冰激凌。所以销量受到限制。川渝夏天自己做火锅的较少,办酒席也不如冬天。

12. 销量高的品牌有哪几个,月销量大概多少(吨)(估计年总量/12)? 销量低的品牌有哪几个?

- 销量高的品牌:海霸王、三全、安井、海欣。
- 销量低的品牌:天合堂、八记、升隆、白洋。

13. 综合考虑,客户选择产品时,所看重的产品属性(口感、口味、包装、价格、品牌、配料等)

- 首先是外观,也就是包装、色泽等。
- 然后是口感、口味,这是促成同一品牌二次消费的重要条件。
- 价格不能过高,在10—18元/斤比较合适。

例2 速冻火锅调理食品市场调查表(二)

针对餐饮消费场所的调研(30家左右,火锅店(18)、中餐店(6)、酒店(6)以大中型为主,相关知情人比如采购、厨师、老板等)

1. 是否会向顾客提供速冻调理类产品? (有就继续,很少或者没有的换其他店铺)

- 火锅类丸子一年四季要常用些。
- 中餐以做酒席的丸子多一些。
- 冻禽类的鸡鸭脚、烧烤系列都会用。

2. 使用的速冻调理类产品有哪些是自制的,哪些是采购的? 自制的原因,采购的原因。

- 火锅类丸子为采购,只有部分丸子自制,吸引顾客,作为比较好的招牌。

● 中餐:虾饺、脆皮肠为采购。丸子大多自制。

3. 自制的速冻调理类产品平均每月大概消耗多少(吨),采购的平均每月大概多少(吨)?

● 不清楚。

4. 对于采购类的产品是否满意,目前采购类的产品有哪些问题,满意的方面,不满意的方面?

● 火锅类,长期经营的有固定的配货商,长期合作,品种齐全。不满意方面是新品种较少。

● 中餐类也有长期固定配货商,同上。

5. 是否有固定的采购点。

● 长期经营的都有固定的配货商,但是也有自主去水产市场采购。大多没有太固定在哪一家买,有采购不齐的货物时顺便就带回店里。

6. 采购的哪些品牌产品,以哪些品类为主,有哪些优缺点?

● 火锅店里品牌概念不强,只要满足菜单上面的品类、口味,价格过关即可。以虾饺、香豆腐、脆皮肠、蟹足棒、撒尿牛丸为主,其他的就是一些牛肉丸、鸡肉丸、包心丸。

● 中餐以虾饺、脆皮肠、丸子烧菜为主。

7. 在该店铺中一般哪些品类的产品比较畅销,哪些品类产品很少有人食用?

● 菜单都是定好了的,基本能上菜单的都比较畅销。

8. 哪些口味的产品比较受欢迎,哪些口味很少有人点选。

● 很少有口味之分。因为暂时还没有分甜的、辣的。基本能到四川来的都不会是广味,即使有,也很少。

9. 从经营者的角度来看,顾客在选择食用该类产品时,注重的是哪些方面的产品属性(口感、口味、包装、价格、品牌、配料等)?

● 第一:口感、口味。

● 第二:价格。

例3 果蔬切调查问卷

1. 你最近一周吃了几次水果?

A. 1次   B. 2次   C. 3次   D. 每天都吃

E:都没吃

2. 吃水果时您倾向自己带还是选择即食性水果吗?

A. 自己带   B. 即食性水果   C. 都可以   D. 我不知道

3. 你选择水果时更注重哪方面因素?

A. 价格   B. 营养   C. 个人喜好   D. 反季水果

11

4. 你每周花在水果上面的费用大约是多少元?

A. 0—30　　　　B. 30—50　　　　　　C. 50—70　　　　　　D. 我不知道

5. 以下几种水果,你喜欢哪几种?

A. 苹果　　　　B. 梨　　　　　　　C. 哈密瓜　　　　　　D. 脐橙

E. 西瓜　　　　F. 菠萝　　　　　　G. 猕猴桃　　　　　　H. 其他_____

6. 午餐时你会选择水果作为配餐吗?

A. 会　　　　　B. 不会　　　　　　C. 视情况而定　　　　D. 我不知道

7. 当你知道某种水果含有丰富的营养,但它口感一般,你会常吃它吗?

A. 会　　　　　B. 可能会　　　　　C. 不会　　　　　　　D. 看情况而定

8. 你觉得自己对水果的基本需求是什么?

A. 消遣食品　　B. 生活必需品　　　C. 偶尔想吃就吃　　　D. 不经常吃水果

9. 你选择生鲜水果配送方式时最关注的是什么?(请用数字标注先后顺序)

① 口感　　② 价格　　③ 新鲜程度　　④ 食品安全　　⑤ 跟风

10. 这一周你吃过的水果有哪些?(多选)

A. 苹果　　　　B. 西瓜　　　　　　C. 香蕉　　　　　　　D. 桃子

E. 荔枝　　　　F. 其他_____

例 4　糖果市场的调查问卷(选自 2016 级学生团队"扎扎糖的研发")

1. 您的性别:

A. 男　　　　　B. 女

2. 您的年龄:

A. 18 以下　　　B. 18—25　　　　　C. 25—40　　　　　　D. 40 以上

3. 您每周花费在零食上的费用是多少?

A. 0—30 元　　　B. 30—50 元　　　　C. 50 元以上

4. 您平时买零食时,会选择买糖果吗?

A. 会　　　　　B. 不会

5. 您吃糖果时的顾虑会有哪些?

A. 含糖太多,太腻　　　　　　　　　　B. 高热量,易发胖

C. 质量问题　　　　　　　　　　　　　D. 其他

6. 您能接受的糖果(500 g)价格是多少?

A. 5—15 元　　　B. 15—30 元　　　　C. 30 元以上

7. 您喜欢吃硬糖还是软糖?

A. 硬　　　　　B. 软

8. 选择糖果时,您更加注重哪方面的因素?

A. 价格　　　　　B. 口感口味　　　　C. 个人喜好　　　　D. 外观

E. 颜色　　　　　F. 包装　　　　　　G. 其他

9. 买糖果时,有牛轧糖和雪花酥,您更喜欢哪一个?

A. 雪花酥　　　　B. 都喜欢　　　　　C. 都不喜欢　　　　D. 牛轧糖

10. 您最喜欢的糖果的口味有哪些?(多选)

A. 抹茶　　　　　B. 巧克力　　　　　C. 草莓　　　　　　D. 蓝莓

E. 其他

11. 如果有一款糖果是用南瓜味或者紫薯味的,你会心动吗?

A. 会　　　　　　B. 不会　　　　　　C. 视情况而定

12. 对于糖果包装,您更喜欢哪种风格?

A. 简洁型　　　　B. 可爱型　　　　　C. 浪漫型　　　　　D. 卡通型

E. 其他(请说明)_____

13. 如果有一款糖果自带清凉,且口味俱佳,您会选择购买吗?

A. 会　　　　　　B. 可以试试　　　　C. 不会

14. 您能否接受学生团队手工加工的产品?

A. 能　　　　　　B. 不能

15. 您对糖果有什么要求或者建议,记得写下来反馈给我们啦?

[目的]

学会撰写调研报告;能根据"市场调查"的结果分析提出研发新产品的构思;能熟练制作和使用 PPT。

[相关知识及原理]

一、调研报告与调查报告概述

1. 定义。

调研报告讲求事实。它通过调查得来的事实材料说明问题,用事实材料阐明观点,揭示出规律性的东西,引出符合客观实际的结论。

调研报告主要包括两个部分:一是调查,二是研究。调查:深入实际,准确地反映客观事实,不凭主观想象,按事物的本来面目了解事物,详细地钻研材料。研究:在掌握客观事实的基础上,认真分析,透彻地揭示事物的本质。

调查报告是整个调查工作一系列过程的总结,包括计划、实施、收集、整理等,是一种沟通、交流形式,其目的是将调查结果、战略性的建议以及其他结果传递给管理人员或其他担任专门职务的人员。因此,认真撰写调研报告,准确分析调研结果,明确给出调研结论,是报告撰写者的责任。

2. 调研报告种类。

按服务对象分:可分为消费者调研报告、生产者调研报告。

按调研范围分:可分为全国性、区域性、国际性。

按调研频率分:可分为经常性、定期性、临时性。

按调研对象分:可分为商品市场调研报告、房地产市场调研报告、金融市场调研报告等。

二、调研报告的特点

1. 注重事实。

尊重客观事实,用事实说话,是调研报告的最大特点。写入调研报告的材料都必须真实无误,例如,报告中涉及的时间、地点、事件经过、背景介绍、资料引用等都要求准确真实,不能道听途说。只有用事实说话,才能提供解决问题的经验和方法,研究的结论才能有说服力。

2. 论理性。

调查报告的主要内容是事实,主要的表现方法是叙述。

调研报告的目的是从这些事实中概括出观点,而观点是调研报告的灵魂。光有大量材料,还不能写好调研报告,还需要把调研的东西加以分析综合,进而提炼出观点。夹叙夹议,是调研报告写作的主要特色,这需要在对事实叙述的基础上进行恰当的议论,表达出报告的主题思想。如果议大于叙,就变成了议论文;要防止只叙不议,观点不鲜明,也要防止空发议论,叙议脱节。

3. 语言简洁。

调研报告要求语言简洁明快,充足的材料加少量议论,不要求细腻的描述,用简明朴素的语言报告客观情况即可。但考虑到调研报告的可读性,可以适当使用生动活泼的语言,同时使用一些浅显生动的比喻,增强说理的形象性和生动性(前提必须是为说明问题服务)。

三、报告的写作程序

1. 调研报告。

(1) 确定主题。主题是调研报告的灵魂,对调研报告写作的成败具有决定性的意义。报告的主题应与调查主题一致,必要时要根据调研和分析的结果,重新确定主题;主题与标题也要协调一致,避免文题不符。

(2) 取舍材料。①选取与主题有关的材料,去掉无关的、关系不大的、次要的、非本质的材料,使主题集中、鲜明、突出。②注意材料点与面的结合,材料不仅要支持报告中某个观点,而且要相互支持;③在现有材料中,要用科学的方法"去粗取精、去伪存真、由此及彼、由表及里",用最能说明问题的材料并合理安排,来支持作者的意见,使每一材料以一当十。

(3) 布局、拟定提纲。调研报告的提纲主要有观点式和条目式两种。观点式提纲:将调查者在调研中形成的观点按逻辑关系一次列出。条目式提纲:按层次意义表述上的章、节、目,逐一地写成提纲。也可以将以上这两种提纲结合起来使用。

(4) 起草报告。起草报告时要注意:文章结构合理,文字规范,具有审美性与可读性,语言通读易懂。注意对数字、图表、专业名词术语的使用,做到深入浅出,语言具有表现力,准确、鲜明、生动、朴实。

(5) 修改报告。报告起草好以后,要认真修改。主要是对报告的主题、材料、结构、语言文字和标点符号进行检查,加以增、删、改、调。

2. 调查报告。

(1) 标题要求,标题可以有两种写法。

一种是规范化的标题格式,基本格式为《××关于××××的调查报告》《关于××××

的调查报告》《××××调查》等。

另一种是自由式标题,包括陈述式、提问式和正副题结合使用三种。陈述式如《××大学毕业生就业情况调查》;提问式如《为什么大学毕业生择业倾向沿海和京津地区》;正副标题结合式,正题陈述调查报告的主要结论或提出中心问题,副题标明调查的对象、范围、问题,如《高校发展重在学科建设——××××大学学科建设实践调查》等。

(2) 列出调查的主要内容。调查时间、调查地点、调查对象、调查方法、调查人、调查分工(以小组形式调查的要求)。

(3) 报告正文。正文一般分前言、主体、结尾三部分。

① 前言。前言起到画龙点睛的作用,要精练概括,直切主题。有几种写法:

第一种是写明调查的起因或目的、时间和地点、对象或范围、经过与方法,以及人员组成等调查本身的情况,从中引出中心问题或基本结论。

第二种是写明调查对象的历史背景、大致发展经过、现实状况、主要成绩、突出问题等基本情况,进而提出中心问题或主要观点。

第三种是开门见山,直接概括出调查的结果,如肯定做法、指出问题、提示影响、说明中心内容等。

② 主体。这是调查报告最主要的部分,这部分详述调查研究的基本情况、做法、经验,以及分析调查研究所得材料中得出的各种具体认识、观点和基本结论。

③ 结尾。结尾的写法也比较多,可以提出解决问题的方法、对策或下一步改进工作的建议;或总结全文的主要观点,进一步深化主题;或提出问题,引发人们的进一步思考;或展望前景,发出鼓舞和号召。

四、调研报告模板

1. 题目。

表述课题所研究的对象和内容。要求字数少、简明精炼,最多不超过 20 字。如果设有主、副标题,副标题指具体的研究内容。

2. 摘要。

对本文的研究内容及结论作一简明的概述,有的还涉及所研究的条件、方法和意义等。由于文字数量所限,必须重点突出,文字简练。摘要字数控制在全文字数的 5%—10% 以内。

3. 关键词。

此是为方便他人的浏览所必需的。关键词需要符合调研及专业术语的通用性。其设置数量一般为 2—4 个,每个词均为专业名词(或词组),一词在 6 个字之内。

4. 前言。

主要是阐述调查问题的提出,调查的目的、对象、方法和调查组织及工作完成情况等。

5. 正文。

调研报告的核心内容。通常以调查研究后提出的观点或得出的结论为纲目,对逐个观点(问题)进行论述,同时阐明它们之间的关系。切忌只是调查材料的简单堆砌,无主次之分,无作者自己的分析和观点。

6. 意见和建议。

此部分也是调研报告的重要组成部分。调研的最终目的在于解决实际问题。作者在经过调研摸清情况、掌握规律的基础上,提出解决问题的意见和建议,它既可以为决策者提供依据和空间,也可为后人进一步研究解决问题奠定基础。

7. 致谢。

即向指导老师、向曾经支持和协助自己完成调查工作的教师、技术人员,以及合作伙伴等人表达谢意。

8. 参考文献。

即列出在论文报告中引用的相关文献。

[要求]

1. 以小组为单位分工完成调研报告的撰写工作。

2. 将调研报告制作成调研汇报PPT,小组选出代表剖析调查结果并说明新产品构思。指导老师和其他小组的同学根据汇报内容提问、评价和提出建议。

[实施步骤]

1. 整理市场调查所收集的资料,数据处理、结果分析。

2. 小组头脑风暴各自提出研发新产品构思,汇总得出集中方案。

3. 分工制作PPT,选出代表做项目汇报。

[任务报告]

1. 确定本小组拟开发的新产品。

2. 由小组共同完成一份完整的调研报告(格式要求见附录)。

3. 制作汇报PPT(每组汇报10—15分钟)。

[调研报告案例]

例1 京津冀地区全谷物食品市场调研报告(选自郑沫利等.京津冀地区全谷物食品市场调研报告[J].粮食与饲料工业.2012(9):1—4,18.)

京津冀地区全谷物食品市场调研报告

摘要:全谷物食品由于含有膳食纤维和抗氧化成分等生理活性物质,长期食用可有效降低多种疾病的发病危险,对特定的适宜人群具有良好的保健作用。在查阅资料和实地调研的基础上,对全谷物食品的现状和发展趋势以及京津冀地区全谷物食品市场进行了调查分析。市场分析的内容主要包括市场供应情况、消费者对全谷物食品的了解和接受程度、细分市场以及京津冀地区全谷物食品市场需求分析及预测,根据调查结果得出全谷物食品是未来粮食食品产业发展的大趋势,有巨大的市场需求和社会、经济效益,因此建议国家出台相关政策,促进全谷物产业的发展。

关键词:全谷物食品;京津冀地区;全麦粉;全麦馒头

京津冀地区作为国内最大城市群之一,拥有很强的粮食及食品消费能力,研究其市场动向对于粮食食品行业的发展有着重要的意义。目前越来越多的人开始关注全谷物食品,但国内关于全谷物食品种类和消费情况、消费者的消费态度等尚没有详细的调查统计数据。为了解全谷物食品的市场现状和前景,为国家和地方政府有关部门提供基础数据服务,为企业提供决策支持,国贸工程设计院组织调研组对京津冀地区全谷物食品市场进行了较为全面和细致的调研。

一、全谷物食品的现状和发展趋势

1. 全谷物食品的定义。

目前国际上(包括国际食品标准委员会,CODEX)还没有统一全谷物配料与全谷物食品定义。1999 年,美国谷物化学家协会(AACC)将全谷物(wholegrain)定义为:完整、碾碎、破碎或压片的颖果,基本的组成包括淀粉质胚乳、胚与麸皮,各组成部分的相对比例与完整颖果一样。美国食品与医药管理局(FDA)对全谷物定义与 AACC 的全谷物定义几乎相同,但进一步明确了全谷物的种类范围,豆类、油料与薯类不属于全谷物。

2. 全谷物食品的作用。

研究表明,全谷物食品除含有膳食纤维外,还含有抗氧化成分等生理活性物质,这些生理活性物质可能通过单个组分或相互结合或协同增效来产生各种保健作用。[1]根据美国全谷物委员会的资料,全谷物的保健作用包括:中风危险降低 30%—36%,2 型糖尿病危险降低 21%—30%,心脏疾病危险降低 25%—28%,同时还有利于体重控制。[2]

3. 全谷物食品的国外发展趋势。

全谷物食品市场将会有长期的跨越式增长。崛起于欧美的全谷物食品是一个势不可挡的健康潮流。自 2000 年以来,全谷物食品的发展趋势非常强劲,新产品开发急剧增长,市场上出现越来越多种类的全谷物食品。据统计,2007 年全球约有 2 368 种全谷物产品进入市场,而在 2000 年只有 164 种,增长了 144%。随之而来,全谷物食品的消费量越来越大,中国的消费者也逐渐习惯于食用这些产品。由此可见,全谷物食品市场将会有长期的跨越式增长。

对健康的利益关注使全谷物食品在全球都具有良好的发展前景。目前,发达国家对全谷物食品的热衷与兴趣的快速增长,很大程度上是由于消费者对全谷物食品保健作用的关注。根据国际食品信息理事(IFIC)2010 年食品与健康的调查显示,超过 $\frac{2}{3}$ 的美国人在转变饮食种类,目光投向健康食品。[3]可以预见,全谷物食品必将在世界范围内得到更加广泛的关注,这无疑对我们的膳食结构与粮食消费观念,直至人类健康产生深远的影响。

4. 我国发展全谷物食品的意义。

(1) 改善我国大众营养与健康状况。我国粮食加工的精细化发展造成了谷物中大量的维生素、微量元素及植物化学元素的损失。膳食结构的改变使中国居民营养缺乏与过剩同时存在,营养缺乏病与营养过剩相关慢性病并存,中国发展全谷物食品绝非盲目跟风,在改善国民膳食营养状况中具有重要作用,也是中国公众营养改善的需要。

谷物作为我国膳食结构中最重要的食物资源,其科学合理的消费将对公众的健康产生深刻影响。近年来,由于营养相关慢性疾病的高发,人们的营养健康意识不断增强,越来越多的消费者逐渐开始讲究营养平衡与合理膳食。营养强化谷物食品的发展在一定程度上满足了消费者的需求。但是营养强化也仅仅是对在粮食加工过程中损失的部分微量营养素进行补充。天然完整的全谷物中所含有的各种微量营养素与抗氧化成分等植物化学元素(生理活性成分)是很难通过强化实现的,而且谷物中的各种营养素对健康的作用机理,也可能是各种营养素相互作粮食资源的有效途径,发展多种形式的全谷物食品可以大幅提高增值效益。

(2) 能有效提高资源利用率和增值效益。我国粮食食用率只有 65%—70%,小麦和稻米的过度加工问题比较突出。全谷物食品是高效利用粮食资源的有效途径,发展多种形式的全谷物食品可以大幅提高增值效益。

5. 我国发展全谷物食品的现状和前景。

与世界已较为成熟的全谷物加工产业相比,我国全谷物食品的发展尚处于起步阶段。表现为:相关标准缺乏,公众缺乏对全谷物食品的了解,市场上的很多全麦产品并非真正意义上的全谷物食品。广大消费者对全谷物食品不甚了解,没有建立全谷物健康消费的新理念,消费热情有待培养。虽然目前国内全谷物食品市场尚未完全成型,但全谷物食品在我国的发展前景却非常良好,随着人们保健意识的增强和对自身健康状况的关注,社会各界对全谷物食品的营养与健康关注度日益增强,市场需求潜力极大,发展全谷物食品是大势所趋,势在必行。

二、京津冀地区全谷物食品市场现状调研分析

1. 京津冀地区粮食食品市场供应情况。

(1) 超市供应情况。此次调研选择了多家有代表性的大型超市进行了供应情况的调研,包括家乐福、沃尔玛、乐购、华联、华堂、天虹和物美等。被调研的超市中粮食、食品大类共计7类,具体见表1。

表1 超市粮食食品种类及主要品牌

食品种类	按包装标注分类	主要品牌
大米	粳米、香米、贡米、富硒米、水晶米、珍珠米、稻花香等	北大荒、七河源(北京七河源米业集团)、福临门(中粮)、金龙鱼(益海嘉里)等
小麦粉	标准粉、富强粉、全麦粉、麦芯粉、自发粉、饺子粉等	香粉(中粮)、香满园(益海嘉里)、金龙鱼(益海嘉里)、古船(京粮集团)、利达(天津利金)、百乐麦(青岛百乐麦食品)、雪健(河南雪健)、德御(晋中德御公司)、丰大(安徽丰大食品)等
杂粮	小米、薏米、绿豆、黑豆、红小豆、蚕豆、荞麦、燕麦、大麦等	杂粮为散装,产地分散,主要有辽宁、河南、安徽、贵州等
挂面	龙须面、家常面、各种风味挂面、荞麦挂面等	陈克明(河南)、六朝松(徐州)、丰大(安徽)、春丝(江西)、秦老大(陕西)、巨能(天津)等
小麦粉食品	面包、馒头、饼类、饼干、休闲食品、方便面	面包品牌主要有曼可顿、宾堡、三辉麦风、义利、官颐府以及超市自主品牌;饼干品牌主要有卡夫、思朗、华美、丹夫、好吃点、康师傅及超市自主品牌等;休闲食品品牌主要有好丽友、上好佳、乐事、格力高(日本)、健司、永辉(澳门)、徐福记、旺旺、福娃、太阳、稻香村等
大米食品	米粉、米饼、米卷、锅巴、方便米饭	
杂粮食品	杂粮饼、杂粮馒头、杂粮面条	

总体来看,被调研超市全麦粉的种类和品牌较多,但成分均不明确;全麦食品种类和品牌都较少,休闲食品、早餐食品还没有全麦概念的产品上市。全麦概念的粮食、食品价格比普通产品的价格要高,但不同品牌的成分、价格等差别较大。目前我国全谷物食品的定义、标准等规范缺乏,市场上的全麦粉产品质量参差不齐。在全麦产品方面,品种更是稀少,市场上仅有的少量全麦面包等产品也是以外资企业产品为主。

(2)粮油批发市场供应情况。粮油批发市场方面,主要以大米、小麦粉、食用油及杂粮的经销批发为主,主要供应企事业单位食堂、学校食堂、馒头作坊以及二级农贸市场。其中,大米品牌较多,约有200种,东北大米占到绝大部分,仅有极少量南方籼米。小麦粉方面,品牌相对集中,以古船、五得利等知名品牌为主,品种主要为特制粉、标准粉、富强粉、专用粉等,全麦粉极少。

2. 消费者对全谷物食品的了解和接受程度。

本次对京津冀三地不同层次人群进行了有关全谷物食品的问卷调查,被调查的样本中,19—25岁占35%,26—35岁占43%,36岁以上占20%,19岁以下占2%;受教育程度在高

中以上的占 97％,高中以下的占 3％。被调查人群为城市群体。结果显示:

在购买渠道方面,90％的被调查人选择在超市购买,其次是便利店和农贸市场(图 1)。在购买的关注度方面,消费者在考虑购买食品时,健康因素列第二位(图 2)。而在对健康食品的关注程度方面,63％的被调查者选择了关注(图 3);对其了解程度方面,59％的被调查者选择了"了解一些",仅 5.7％的被调查者选择了"非常清楚"(图 4)。

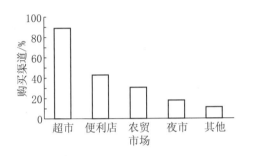

图 1　消费者购买食品的渠道

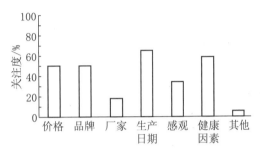

图 2　消费者购买食品的关注度

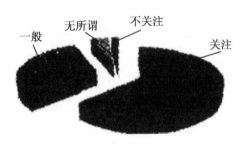

图 3　消费者对健康食品的关注度

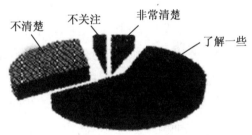

图 4　消费者对健康食品的了解程度

在全谷物食品的了解程度方面,被调查者听说过的产品中,90％的被调查者听说过全麦面包,其次是全麦饼干、荞麦挂面,而速煮杂粮和发芽糙米认知比例非常低(图 5)。而在购买全谷物频率方面,约 87％的消费者购买过全谷物食品,而每星期购买一次的人群超过了23％,证明人们逐渐接收全谷物食品(图 6)。

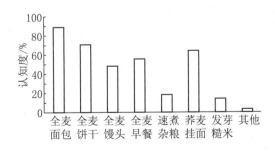

图 5　消费者对全谷物食品的认知度

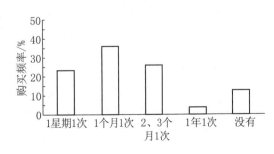

图 6　消费者购买全谷物食品的频率

　　购买全谷物食品方面,促使被调查者购买的因素中,对食品安全"健康的关注"排在第一位,占 67％(图 7);而没有购买全谷物食品的原因中,"无足够的选择"和"不喜欢味道"排在前两名(图 8);在价格的接受程度方面,55.7％的被调查者接受比普通食品贵 20％,44％的被调查者接受比普通食品贵 50％,其他更高的价格只有极少的被调查者可以接受。在假设全谷物食品不贵的前提下,有 62％的被调查者选择了"购买"。在全麦食品品牌的认知程度方面,"卡夫""曼可顿"和"宾堡"三个外资品牌排在了前三位。

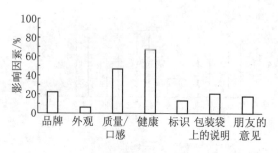

图 7　影响消费者购买全谷物食品的因素

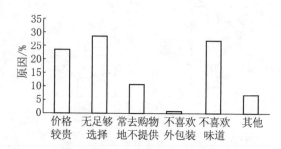

图 8　消费者不购买全谷物食品的原因

　　总体来看,被调查者对于全谷物食品的关注程度和接受程度都比较高,但了解程度一般,大部分不清楚全谷物食品与普通食品的真正区别。

　　3. 关于京津冀全谷物食品的细分市场。

　　(1) 全麦粉和全麦馒头市场。我国的饮食习惯与西方国家差异较大,我国北方地区主食以馒头、面条为主,而南方地区则以米饭为主,导致在我国烘焙产品小麦粉用量只占所有小麦粉用量的 6％。所以从传统主食着手,消费者会容易接受,而且也更容易保持有效摄入量。改革开放以来,随着我国经济的发展,人民生活水平的逐步提高,生活节奏的不断加快,主食生产已逐步由家庭自制向社会化供应转变。传统主食有着巨大的社会需求,具有广阔的市场空间。

　　在京津冀市场推广全麦食品,首先要以需求量最大的馒头和面条市场为切入点。一方面发展全麦粉市场,包括全麦馒头粉、全麦面条粉等,产品供给馒头及面条生产厂家和家庭消费者;一方面大力发展全麦馒头市场,直接供应消费者。

　　(2) 学生食品市场。学生每餐摄入足够谷物食品才能使能量构成合理,维持膳食的平衡,保持正常体重。可是,相当一部分家长仅重视学生高蛋白质食物的摄入,却忽视了粮谷类等含碳水化合物食物。京津地区学生数量庞大,由于生活节奏快,学生一天基本有两餐在家庭之外解决,学生食物的营养健康成为家长最关心的问题。因此学生早餐和主食市场也是一个潜力巨大的市场,发展全麦食品,学生食品市场是一个不能忽视的市场。

　　(3) 营养早餐市场。早餐是一天中最重要的一餐,因此一顿营养均衡的早餐对于每一位消费者都非常重要,而谷物是早餐中很重要的组成部分。研究表明,儿童和成人食用谷物早餐,全天脂肪和胆固醇的摄取量都会相对减少,同时也会摄取到更多的纤维素,以及维生素和矿物质。随着人们对健康的不断关注,发展品种多样的全谷物早餐,包括早餐全麦麦片、麦圈、速煮杂粮、全麦面包、饼干等,是早餐市场的新趋势,应该重视这个孕育着巨大需求的市场。

三、京津冀地区全谷物食品市场需求分析及预测

1. 京津冀地区全谷物食品消费人群预测。

据 2011 年最新数据显示,我国心血管病现患人数达 2.3 亿,每 5 个成年人中有 1 人患心血管病,其中高血压患者达到 2 亿。职业人群中,高血压预患人群达 $\frac{1}{3}$ 以上。[4] 心血管病已成为威胁我国居民生命健康的主要疾病。2010 年,《新英格兰医学杂志》指出:中国现有 9 240 万成人患有糖尿病,这个数字是 2002 年调查数字的 3 倍以上。这意味着中国 20 岁以上成人糖尿病的患病率达 9.7%。此外还有 1.48 亿人处于糖尿病前期,比例达 15.5%。[5] 糖尿病已成为严重的公共健康问题。

"中国居民营养与健康状况调查"指出:目前我国超重人数达 2 亿,平均每 7.5 个中国人中就有 1 个是体重超标的胖人。[6] 肥胖可能是高血脂、高血压、糖尿病、脂肪肝、高尿酸、心脏病、脑血管病、关节炎等多种疾病的直接诱因。肥胖问题在我国特别是一些经济发达地区日趋严重,并严重影响到人民的身体健康。随着人们对全谷物食品的逐步认识,患病群体、预患人群及保健预防群体都将对全谷物食品产生需求。

2. 京津冀地区全谷物食品需求预测。

以馒头为例。根据问卷调查结果,48% 的被调查者听说过全麦馒头,但大多数人对于全麦馒头与普通馒头的真正区别不是非常清楚,但 63% 的被调查者对健康食品表示关注,并且有 40% 以上的被调查者接受全谷物食品价格比普通馒头价格贵 20%—50%。可以看出,全麦馒头的潜在需求比较大,且消费者接受程度高,接受速度快。

根据小麦粉消费量历史数据及人口增长,预测全国小麦粉消费量将缓慢增长,到 2015 年达到 8 500 万吨,馒头消费量达到 2 550 万吨。按京津冀地区人口年增长率 0.3%,人均消费小麦粉 130 kg 计算,预计到 2015 年,京津冀地区小麦粉消费量达到 1 355 万吨,相应馒头消费达到 410 万吨。

依据美国推荐,每人每天应至少食用 0.085 kg 以上的全谷物食品以降低心脑血管疾病、2 型糖尿病及帮助体重控制。根据上述全谷物食品消费人群,按人口比例及人均最低消费标准推算出京津冀地区全麦馒头的潜在需求为 87 万吨/年,占该地区馒头消费量的 20% 以上,并仍有增长的空间。其他品种预测参照馒头的预测思路计算,略。

3. 结论和建议。

(1) 开发和推广全谷物食品具有良好的社会和经济效益。对特定的适宜人群,全谷物食

品具有良好的保健作用,长期食用可有效降低多种疾病的发病危险,符合未来粮食食品产业发展的大趋势,有巨大的市场需求和社会、经济效益。目前我国全谷物食品市场已经启动,市场前景较好。

(2)全谷物食品市场应以传统主食市场为基础。全谷物食品市场的发展,应以市场潜力巨大的全麦粉和全麦馒头作为切入点和基础,并重点关注学生食品市场和营养早餐市场。

(3)建议国家出台相关政策,促进全谷物产业发展。国家应出台相关优惠政策,鼓励全谷物食品的开发和推广,培育和发展龙头企业,打造国有品牌,促进产业健康发展。

(4)建议加强全谷物食品的宣传力度,引导健康消费新理念。消费者对全谷物食品的关注和接受程度较高,但对全谷物食品的了解程度不够,应进一步加强相关知识的宣传和普及力度,引导消费者健康消费。

(5)建议抓紧制订相关标准,规范市场行为。本次调研的全麦概念与目前市场上大多数全麦食品不同,是符合国际标准的真正意义上的全麦食品,目前国内尚无相关标准,建议国家有关部门抓紧推进相关标准的制订和实施工作,规范市场行为,确保食品质量,保护消费者权益。

[参考文献]

[1]谭斌,谭洪卓,刘明,等.粮食(全谷物)的营养与健康[J].中国粮油学报,2010,25(45):100—107.

[2]谭斌,谭洪卓,刘明,等.全谷物食品的国内外发展现状与趋势[J].中国食物与营养,2009,120(9):4—7.

[3] International Food Information Council(IIFIIC)Foundation 2010 Food & Health survey:consumer attitudes toward food safety, nutrition & health[EB/OL]. (2011-12-10)[2010-07-07]. http//www.foodinsight.Org/Content/10FHSFull.pdf.

[4]卫生部心血管病防治研究中心.中国心血管报告[M].北京:中国大百科全书出版社,2011.

[5] Yang Wenying, Lu Juming, Weng Jianping, et al. Prevalence of diabetes among men and women in China[J]. N. Engl J. Med, 2010, 362(12):1090—1101.

[6]卫生部,科技部,国家统计局.中国居民营养与健康现状.[EB/OL]. (2011-12-10)[2004-10-12]. http://news.Xinhuanet.Corn/video/200-10/12/content-2080855.htm.

例2 甜品市场的调研报告(选自2016级学生团队作品"雪花玫瑰苹果酥的研发",该调研报告的撰写中存在较多不足之处,请阅读并指出)

关于甜品市场的调研报告

随着现代社会的发展,生活节奏变快,人们的生活水平大大提升,人们从温饱的现状逐渐演变成享受的现状,经过这么多年的发展,无论是华美精致的西方甜品,还是温润养生的东方甜品都不知不觉地进入人们的生活,市场开始涌现出许多甜品品牌。在当前甜品消费市场中,大学生作为年轻一代对甜品的消费需求持续增长,对甜品消费市场的影响不容小觑。

为了了解大学生消费者对甜品的需求,本团队采用调查问卷的方法,收集大学生喜爱的甜点类型、甜品口味等信息,对大学生甜品消费的各种影响因素进行研究。旨在以此调查结果为参考,研发出一款具备健康绿色和休闲功能的甜品,改变消费者对传统甜品的观念,同时又色、香、味俱全,从口感、嗅觉和视觉上满足消费要求,并且从中加入创新元素,带给消费者不一样的甜品消费感受。

一、甜品市场调研分析

1. 消费人群分析。

如图9和图10所示,通过调查显示,女生比男生更喜欢吃甜食,其中以大二、大三居多,所以在后期产品的开发设计与宣传中,更多考虑女性需求,但同时也要吸引男性消费。

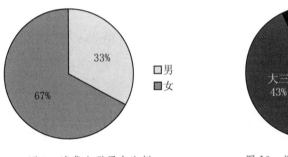

图 9　消费人群男女比例　　　　图 10　消费人群年级比例

2. 消费人群购买行为的分析。

(1) 消费人群购买频次比例分析。根据图11所示,在调查人群中,人们对甜品的喜好程度并不高,约65%的人几乎不吃或每周一次甜品,这也说明该消费人群对传统的甜品并没有过度的追求。

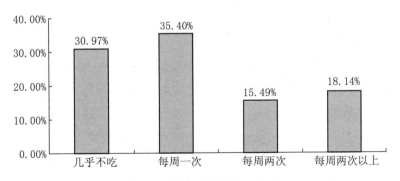

图 11　消费人群购买频次比例

（2）消费人群对甜品价格的要求。根据图 12 所示,大多数消费者通常能接受甜品的价格为 5—10 元,说明大学生对甜品的消费水平不是很高,所以在后期产品研发过程中,我们要严格控制产品的价格。

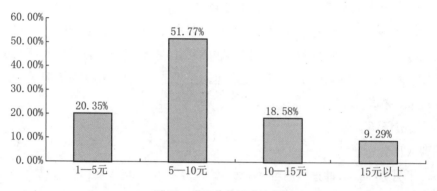

图 12　甜品价格要求比例

（3）消费人群对甜品的购买时间分析。根据图 13 显示,人们对甜品的需求并不像日常食品一样有固定的时间,属于自由时间,突然看到想吃,所以在之后的产品开发时我们可以在宣传上加些吸引力,吸引消费者购买。

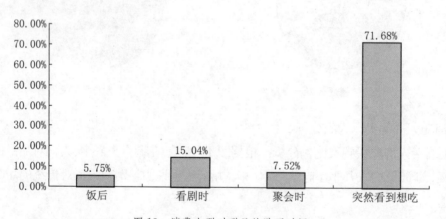

图 13　消费人群对甜品的购买时间

3. 消费人群对甜品的购买需求分析。

（1）甜品包装方面的要求。根据图 14 所示,清新风和简约风的包装更能勾起消费人群的食欲。在食品行业中,简约的包装设计一直都广为应用,卢姗[1]在"简约包装设计理念在食品包装中的应用研究"一文中提出简约主义的概念,简约是一种风格,其特点是简洁明快,简洁是设计思维的提炼和表达形式的强调。李轶[2]在"无印良品包装设计的简约主义特征"一文中提出简约主义的包装组装,用清晰明确的抽象方式追求简单,在造型和结构上要遵循两个原则:保护功能和艺术性。在材料上,简约主义的包装,强调材料选择的单一化、减量化、无害化的材料,在图形上,包装强调在尽可能减少视觉元素的同时准确的传达商品信息,独特的视觉感受体现企业精神。在色彩上,简约主义的包装强调通过直接色彩的表达,传达商品信息,构建颜色来表现传达商品的意境。

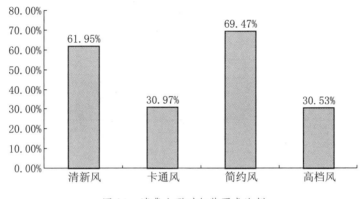

图 14   消费人群对包装要求比例

（2）甜品口味方面的要求。根据图 15 显示,人们对甜品口味的要求并没有极端要求,多数人选择好吃就行这一选项,这给予了我们对产品开发更多的发挥空间,但好吃的定义还需要从其他方面进行分析。

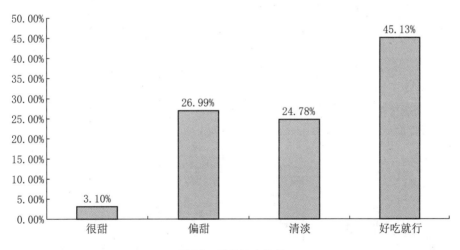

图 15   甜品口味比例

（3）甜品其他方面的要求。根据图 16 与图 17 显示,消费人群更加看重甜品的味道,营养卫生这些方面,而食物的外形包装色泽这些方面占的比例平均,说明随着人们健康意识的提高,吃到安全卫生的食品是人们首先要考虑的,其次关心色泽、外形、包装、适合自己的口味,食品原料也成为人们对甜品需求的重要因素。

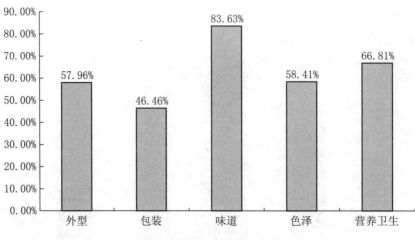

图 16　甜品各方面要求比例

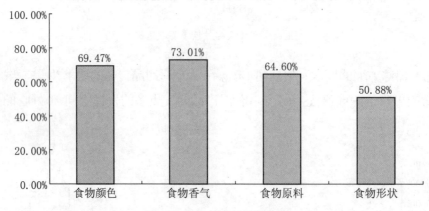

图 17　消费者购买原因比例

（4）甜品促销方式分析。根据图 18，消费人群普遍偏向打折促销这一方式，免费试吃和买一送一这两个方式也在考虑范围之内。

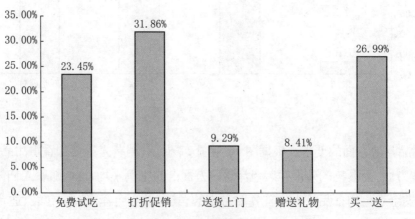

图 18　甜品促销方式比例

（5）消费人群对甜品的改进方面要求分析。根据图 19 和图 20 显示，消费人群普遍认为甜品会影响健康，且多数人认为甜品的口感要清爽不腻，健康营养卫生不长胖，物美价廉。

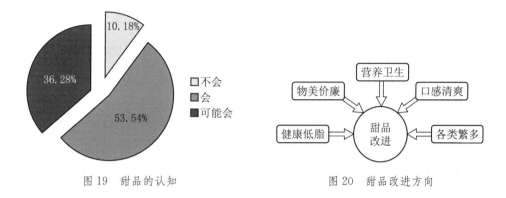

图 19　甜品的认知　　　　　　图 20　甜品改进方向

二、总结与展望

本团队拟研发一款以苹果为主要原料的焙烤类甜品。

1. 向低糖、低脂、清淡方向发展。

目前市场上焙烤类甜品使用的原料多是全脂奶粉、糖、蛋白和油脂，属于高糖分、高脂肪、高胆固醇的高能量食品，不符合现代人们追求健康的趋势，在肥胖症、高血脂、高血压、糖尿病等疾病发病率不断上升的今天，这些高热量、营养单一的焙烤食品显然不能适应人们对健康饮食的消费需求。科学健康的膳食已成为人们追求的目标。这就要求烘焙甜品改变高糖、高脂肪、高热量的现状，向清淡、营养平衡的方向发展。[3、4] 而此次产品开发中，本团队拟以苹果为主要原料，制作出一款口感清爽、健康低脂的产品，带给消费者不一样的口感体验。

2. 富有时尚气息。

焙烤食品产业是一个典型的现代食品产业，随着人们物质生活的丰富，越来越多的消费者在消费方式上开始追求前卫、另类和个性化。食品已成为时尚化、情趣化和娱乐化的载体，消费者在满足物质消费的同时，也享受着娱乐带来的心灵满足。所以，在此次的新产品研发中，本团队拟在包装标识的设计上凸显时尚化，打破了传统甜品包装的观念，以吸引更多消费者的眼球。

参考文献

[1] 卢珊.简约包装设计理念在食品包装中的应用研究[D].沈阳.沈阳航空航天大学.2012.15—19.

[2] 李轶."无印良品"包装设计的简约主义特征[D].河北.河北大学.2010.12—38.

[3] 王爱梅.浅谈焙烤食品的现状存在问题和发展趋势[J].中国食品科学 2011(7)：256—257.

[4] 朱念琳.中国焙烤食品市场分析报告[R].2004.

[目的]

学会新产品设计的一般方法;会制订产品研发方案(可从配方、工艺、包装、形式等创新);能按最佳配方及参数有序地加工产品。

[相关知识及原理]

一、新产品定义

新产品指采用新技术原理、新设计构思研制、生产的全新产品,或在结构、材质、工艺等某一方面比原有产品有明显改进,从而显著提高了产品性能或扩大了使用功能的产品。

凡是产品整体性概念中任何一部分的创新、改进,能给消费者带来某种新的感受、满足和利益的相对新的或绝对新的产品,都叫新产品。

二、新产品分类

按产品研究开发过程,新产品可分为全新产品、模仿型新产品、改进型新产品、形成系列型新产品、降低成本型新产品和重新定位型新产品。

1. 全新产品是指应用新原理、新技术、新材料,具有新结构、新功能的产品。

2. 改进型新产品是指在原有老产品的基础上进行改进,使产品在结构、功能、品质、花色、款式及包装上具有新的特点和新的突破,改进后的新产品,其结构更加合理,功能更加齐全,品质更加优质,能更多地满足消费者不断变化的需要。

3. 模仿型新产品是企业对国内外市场上已有的产品进行模仿生产,称为本企业的新产品。

4. 形成系列型新产品是指在原有的产品大类中开发出新的品种、花色、规格等,从而与企业原有产品形成系列,扩大产品的目标市场。

5. 降低成本型新产品是以较低的成本提供同样性能的新产品,主要是指企业利用新科技,改进生产工艺或提高生产效率,削减原产品的成本,但保持原有功能不变的新产品。

6. 重新定位型新产品指企业的老产品进入新的市场而被称为该市场的新产品。

三、新产品的构思

新产品的构思可来源于诸多方面:消费者和用户对现有产品的反映以及新的需求,公司技术人员及经理人员,经销商和企业营销人员,科技情报,营销调研公司,竞争对手的产品启示,产品展览会、展销会、博览会,以及政府出版的行业指导手册等。

四、新产品构思筛选

构思筛选是采用适当的评价系统及科学的评价方法,对各种构思进行分析比较,从中把最有希望的设想挑选出来的一个过滤过程。

构思筛选包括两个步骤。首先,要确定筛选标准;其次,要确定筛选方法。

对构思进行筛选的主要方法是建立一系列的评分模型。评分模型一般包括以下几方面:评价因素、评价等级、权数和评分人员。其中确定合理的评价因素和适当的权数是评分模型是否科学的关键。

五、新产品试验方法

1. 单因素试验(complete randomalized design)是一种试验中,只有一个因素在变化,其余的因素保持不变的实验,通过只观察一种因素的变化来确定整体实验中该因素的具体作用及影响。做单因素实验是为正交实验做准备,为正交试验提供一个合理的数据范围。

2. 正交试验设计(orthogonal experimental design)是研究多因素多水平的一种设计方法,它是根据正交性从全面试验中挑选出部分有代表性的点进行实验,这些有代表性的点具备了"均匀分散,齐整可比"的特点。

3. 正交试验设计过程。

(1) 确定试验因素及水平数。

(2) 选用合适的正交表。

(3) 列出试验方案及实验结果。

(4) 对正交试验设计结果进行分析,包括极差分析和方差分析。

(5) 确定最优或较优因素水平组合。

[要求]

1. 采用单因素及正交试验优化新产品配方及工艺参数。

2. 熟练使用数据分析软件(如 SPSS)。

3. 小组分工合作按设计好的配方及参数完成一定量的新产品加工。

[操作步骤]

1. 小组讨论,各自给出新产品思路,经投票确定最终新产品研发目标。

2. 根据新产品工艺确定研究方案(制定单因素试验方案及正交试验方案)。

3. 材料准备(估算新产品加工的原辅料种类、数量;提前采购,并做好收支记录,用于统计成本和收益)。

4. 配方调试、最佳工艺参数确定。

<h3 style="text-align:center">新产品工艺优化试验方案设计表 L₉(3⁴)</h3>

水　平	因　素		
	A	B	C
1			
2			
3			

5. 新产品质量评价(感官评价、理化检验、微生物检验)

(1) 感官指标:色泽、组织状态、气味、滋味等。

(2) 微生物指标:菌落总数、大肠菌群等。

(3) 理化指标:根据产品种类查阅国标确定需要检测的相关指标。

6. 批量加工新产品。

[任务报告]

1. 试验方案(内容包括:试验原辅料、试验仪器设备工器具、工艺流程、操作要点、基本配方和工艺参数、单因素设计、正交设计、感官评价标准及评价表等)、单因素结果分析、正交试验结果分析(制图或表)。

2. 确定新产品最佳配方、最佳工艺。

3. 一定量的新产品成品(为试销准备),拍照(用于制作宣传资料)。

[工艺研究案例]

<h3 style="text-align:center">"星球酥"的工艺研究</h3>

(选自2016级学生团队作品)

一、实验材料与方法

1. 原辅料。

紫薯、低筋面粉、普通面粉、奶粉、紫薯粉、抹茶粉、红曲粉、猪油、食用油、细糖粉等,市售即可。

2. 仪器设备。

电子天平、烘烤箱、电磁炉、蒸锅、擀面杖、油布、筛子。

3. 星球酥的制作方法。

(1) 工艺流程:

低筋面粉→过筛→加细糖粉→抹茶粉/红曲粉/紫薯粉混合→猪油→揉面→醒面→油酥皮。

普通面粉→过筛→加细糖粉→猪油、水→揉面→醒面→水油皮。

油酥皮+水油皮→辊轧→包馅(咸鸭蛋黄/红豆沙/紫薯泥馅料)→成型→烘烤→冷却→包装。

（2）操作要点：

① 水油皮制作：水油皮配方：普通面粉、猪油、细糖粉、水。将普通面粉 140 g、细糖粉 30 g 混合后，加入猪油 60 g，放入 30 g 水（2/3 的水先搅拌，再将剩余 1/3 水加入搅拌）使其完全拌匀，直到面团表面光滑，静置 20 min 待用。

② 油酥皮制作：将低筋面粉 100 g、细糖粉混合后，加入抹茶粉 2 g、红曲粉 0.5 g、紫薯粉 4 g、猪油 50 g，搅拌使其完全拌匀，直到面团表面光滑，静置 20 min 待用。

③ 馅料制作：紫薯泥馅料：将洗好的紫薯去皮切成小块，放入蒸锅隔水蒸 15 min，趁热捣成泥备用。红豆沙馅料：将袋装红豆沙揉成小球备用。咸鸭蛋黄馅料：将咸鸭蛋去除蛋清，蛋黄放入烤箱烘烤，捣碎成泥备用。

④ 辊轧：将油酥皮包入水油皮内，即成酥皮面团。将酥皮面团收口朝下，用手按扁，用擀面杖由中间往两头擀开，卷叠成 3 层。转 90°后进行二次擀卷。按住擀卷好的酥皮面团中间，用刀对半切开，把切面朝下放置，擀成圆皮。

⑤ 包馅：放上咸鸭蛋黄、红豆沙、紫薯泥馅料后，酥皮面团借助虎口向上收拢合口捏紧，稍加整理成型收口朝下放在铺油布的烤盘上。

⑥ 烘烤：烤箱预热至 180 ℃，烤 30 min。

⑦ 冷却、包装：烘烤完成的星球酥需冷却至常温，装入包装袋中并密封。

4. 感官评价方法。

感官品评小组由随机选取 10 位食品专业同学组成，对星球酥的色泽、形态、组织结构、滋味 4 个方面进行评分。满分 100 分，以 10 人的平均分为最终得分。每位成员单独进行各个指标的评定，每个样品评定前都用清水漱口，以排除上一个样品的影响。评分标准见表 1。

表 1　星球酥感官评分标准表

项　　目	评　分　标　准	分　　值
色泽 （25 分）	表面呈自然褐色，底面呈咖啡色，无焦皮 色泽较深或较浅，底面呈现颜色较深，无焦皮 色泽不均匀，且有焦皮	21—25 分 15—20 分 8—14 分
形态 （20 分）	外形完整，表面光滑，大小均匀 外形完整，表面粗糙，大小均匀 外形不完整，表面粗糙，大小不均匀	17—20 分 12—16 分 5—11 分
组织结构 （25 分）	酥皮分层多且明显，馅料完整 酥皮分层，馅料较完整 酥皮无明显分层，馅料不完整	21—25 分 15—20 分 8—14 分
滋味 （30 分）	味道纯正无异味，口感酥松，清爽不油腻 味道过浓或过淡，口感较酥松，略感油腻 有明显焦味，口感干硬	26—30 分 21—25 分 17—20 分

5. 试验设计。

(1) 单因素试验设计。

① 水油皮的油面比的确定。控制水油皮中油面比例分别为 2：8、3：7、4：6,其他辅料添加含量不变,参照上文的工艺制作星球酥,根据感官评分确定水油皮的油面比适宜比例。

② 烘烤时间的确定。控制烘烤时间分别为 25 min、30 min、35 min,参照前文 3.星球酥的制作方法的工艺制作星球酥,根据感官评分确定适宜烘烤时间。

③ 最佳糖粉添加量的确定。控制细糖粉添加量分别为 30 g、35 g、40 g,其他辅料添加含量不变,参照前文的工艺制作星球酥,根据感官评分确定适宜糖粉添加量。

(2) 正交优化试验。在单因素基础上进行 $L_9(3^3)$ 正交试验,实验水平因素见表2。

表 2　正交试验因素水平表

水　平	试　验　因　素		
	A 水油皮的油面比 （m/m）	B 烘烤时间 （min）	C 糖粉添加量 （g）
1	2：8	25	30
2	3：7	30	35
3	4：6	35	40

二、实验结果

1. 单因素试验结果。

单因素试验的感官评分见表 3。当其他工艺参数按照基础配方不变时,水油皮的油面比为 3：7 时产品酥脆口感更佳,酥皮分层多且明显,感官评分最高;烘烤时间为 30 min 时,产品色泽及酥脆性更佳,感官评分最高;糖粉添加量为 30 g 时,产品甜度适宜,感官评分最高。

表 3　单因素试验结果

单因素	水油皮的油面比			烘焙时间(min)			糖粉添加量(g)		
水平	2：8	3：7	4：6	25	30	35	30	35	40
感官评分	80.8	87.5	80.7	80.5	89.2	80.3	86.6	80.6	79.5

2. 正交试验结果。

根据单因素试验结果,对水油皮的油面比、烘烤时间和糖粉添加量 3 个因素进行 $L_9(3^3)$ 正交实验,来确定星球酥的最佳配方,实验结果见表4。

表4 星球酥制作工艺正交试验结果

试验号	A	B	C	空列	感官评分
1	3	2	3	1	80.2
2	3	3	1	2	83.9
3	2	1	3	2	81.2
4	2	3	2	1	79.8
5	2	2	1	3	91.4
6	1	3	3	3	77.5
7	1	1	1	1	77.4
8	3	1	2	3	79.6
9	1	2	2	2	83.9
K_1	238.8	238.2	252.7	237.4	
K_2	252.4	255.5	243.3	249.00	
K_3	243.7	241.2	238.9	248.5	
k_1	79.60	79.40	84.23	79.13	
k_2	84.13	85.17	81.10	83.00	
k_3	81.23	80.40	79.63	82.83	
R	4.53	5.77	3.13	3.87	
因素主次顺序			B＞A＞C		
最优组合			$A_2B_2C_1$		

由表4可以看出,因素影响主次顺序为 B＞A＞C,根据 K 值可知最优配方组合为 $A_2B_2C_1$,即水油皮的油面比为3∶7、烘烤时间为 30 min、糖粉添加量为 30 g。

三、结论

采用单因素试验与正交试验确定的星球酥最佳配方为:水油皮油面比 3∶7,烘烤时间 30 min,糖粉添加量 30 g。采用此配方生产的星球酥色泽均匀无焦皮,外形完整,酥皮分层多且明显,味道纯正无异味,口感酥松清爽不油腻。

甜品“小方”的配方研究

（选自 2020 级学生团队作品）

一、实验材料与方法

1. 原辅料。

糯米粉、玉米淀粉、脱脂牛奶、黄油、紫薯、荔浦芋头、淡奶油、零卡糖、炼乳、蝶豆花粉、水饴。

2. 仪器设备与工器具。

电子天平、电磁炉,蒸锅,擀面杖,油纸、冰箱、微波炉、裱花袋、搅拌器、刮刀。

3. 甜品小方的制作流程。

芋泥制作:荔浦芋头和紫薯→切块→蒸 30 min→按压捣碎→加入其他材料→搅打至细腻光滑→装盒冷藏。

外皮制作:糯米粉、玉米淀粉、零卡糖、蝶豆花粉、牛奶→混合搅拌均匀→过筛→封保鲜膜,扎孔→上锅蒸→加入黄油→搅拌→冷藏。

甜品小方制作:擀皮→涂抹芋泥内陷→卷制成条→油纸包裹塑形→冷藏→取出切块→打包装盒。

4. 甜品小方的制作要点。

(1) 300 g 荔浦芋头和 100 g 紫薯切小块放入盘中,蒸锅蒸 30 min。将蒸熟的芋头和紫薯按压捣碎,趁热加入 30 g 黄油、80 g 淡奶油、100 g 牛奶、20 g 糖、20 g 炼乳,不断搅拌直到搅打至细腻光滑的状态。搅打好的芋泥馅料装盒,放置冰箱 0~4 ℃冷藏保存,随用随取。

(2) 将 150 g 糯米粉、35 g 玉米淀粉、30 g 零卡糖、蝶豆花粉和 251 g 牛奶混合搅拌均匀,需要顺滑至无颗粒,至少过筛两次。上锅隔水蒸 30 min 左右,使其蒸熟(不能蒸太久,否则不方便擀皮)。起锅后趁热加入黄油,待其不烫手时将其揉进面里,接着反复拉扯至光滑柔软。揉至可拉丝的状态即可,放入冰箱冷藏(0—4 ℃)1 h 以上。

(3) 将冷藏后的外皮胚放在油纸上擀皮,再均匀涂抹一层芋泥。从边缘一侧开始向另一侧卷,卷成长条状,用油纸包裹并调整长条形状。放入冰箱冷冻 30 min,取出切块,放入包装盒即可。

5. 试验方案设计。

(1) 单因素试验设计。

① 糯米粉和玉米淀粉比例的确定。控制糯米粉和玉米淀粉比例分别为 8∶1、7∶1、6∶1,根据感官评分确定糯米粉和玉米淀粉比例。

② 黄油添加量的确定。控制黄油添加量分别为 15 g、20 g、25 g,根据感官评分确定黄油添加量。

③ 零卡糖添加量的确定。控制零卡糖添加量分别为 10 g、20 g、30 g,根据感官评分确定零卡糖添加量。

(2) 正交优化试验。

在单因素基础上进行 $L_9(3^3)$ 正交试验,试验水平因素见表5。

表5 正交试验因素水平表

水平	试验因素		
	A 糯米粉:玉米淀粉(g/g)	B 黄油添加量(g)	C 零卡糖添加量(g)
1	8∶1	15	10
2	7∶1	20	20
3	6∶1	25	30

6.甜品小方的感官评价方法。

参考 GB/T20977—2007《糕点通则》感官检验方法,结合甜品小方的感官特征,由5名女性,5名男性组成评价小组,分别对不同甜品小方的外观、弹柔性、组织、滋味与口感、整体喜好度等进行感官评定,满分为100分,去掉所打分数的最高分和最低分后取平均分,平均分越高越好。感官评价标准如表6所示。

表6 甜品小方感官评分标准

评价指标	评分标准	分值/分
外观 (20分)	外形整齐,块型丰满,颜色均匀,无可见外来杂质	14—20
	外形较为整齐,块型较为丰满,颜色较均匀,无可见外来杂质	7—13
	外形凌乱,块型塌陷,颜色不均匀,有杂质	0—6
弹柔性 (20分)	甜品柔和,不黏、不硬、不松软,富有弹性	14—20
	甜品较柔和,微黏、微硬或稍有松软,弹性一般	7—13
	甜品不柔和,过黏、过硬、过松软,不具有弹性	0—6
组织 (20分)	切面细腻,气孔均匀,大小适中,无糖粒、粉块	14—20
	切面较细腻,略有大孔,大小有差异(偏大或偏小),稍有糖粒或粉块	7—13
	切面粗糙,气孔大且不均匀,大小差异过大,有多数糖粒或粉块	0—6
滋味与口感 (20分)	风味突出,甜度适中,口感纯正细腻,有糯性,不黏牙不发腻,无异味	14—20
	风味一般,甜度稍甜,口感略微粗糙,糯性不足,微黏牙微发腻,无异味	7—13
	风味较差,甜度过甜,口感十分粗糙,糯性很差,十分黏牙、发腻,有异味	0—6
整体喜好度 (20分)	综合评价后,感受很好,可接受度高	14—20
	综合评价后,感受一般,可接受度一般	7—13
	综合评价后,感受较差,难以接受	0—6

二、实验结果与分析

1.糯米粉和玉米淀粉比例对甜品小方感官品质的影响。

糯米粉和玉米淀粉比例的单因素试验结果见表7。当糯米粉和玉米淀粉的比例为7∶1时,小方的口感软糯柔和,纯正细腻,不粘牙不发腻,口感最好,感官评分的分值最高,为最适合的添加比例。当糯米粉和玉米淀粉的比例为8∶1时,由于糯米粉较多,口感过软,较为粘牙发腻;当糯米粉和玉米淀粉的比例为6∶1时,由于糯米粉较少,口感不够软糯、不够有韧劲。因此,确定较优糯米粉和玉米淀粉的比例为7∶1。

表7 糯米粉和玉米淀粉比例的单因素试验结果

序号	糯米粉和玉米淀粉的比例(g/g)	感官评分
1	8∶1	79.9
2	7∶1	84.0
3	6∶1	78.4

2. 黄油添加量对甜品小方感官品质的影响。

黄油添加量的单因素试验结果见表8。由感官评分结果可知,加入20 g黄油时的感官评分最高,其次是加入15 g黄油的样品,最低的是加入25 g的样品。加入15 g黄油时,样品有些许奶香味,比较清浅、似有若无,此外,使样品的口感稍微变得柔韧;加入20 g黄油的样品,奶香味适中,且有淡淡的乳香味,使样品口感细腻、样品面团增加一定的润滑性;加入25 g黄油的产品味道过于浓厚,使产品的奶味过腻,且样品皮太过湿滑。因此,黄油添加量为20 g最优。

表8 黄油用量的单因素试验结果

水平	黄油添加量(g)	感官评分
1	15	80.3
2	20	85.3
3	25	78.4

3. 零卡糖添加量对甜品小方感官品质的影响。

零卡糖添加量的单因素试验结果见表9。当零卡糖添加量为20 g时,小方甜味适中,质地均匀,浓稠度很恰当,拥有醇厚的奶香和爽口的感觉。当零卡糖添加量大于20 g时,小方甜味较重,盖过了甜品内馅的味道。当零卡糖添加量小于20 g时,小方甜味不足,口感较单调。因此,零卡糖添加量为20 g最优。

表9 零卡糖添加量的单因素试验结果

水平	零卡糖添加量(g)	感官评分
1	10	80.1
2	20	86.1
3	30	79.8

4. 正交试验结果分析。

根据单因素试验结果,对甜品小方的糯米粉和玉米淀粉比例、黄油添加量和零卡糖添加量3个因素进行正交实验,结果见表10。由极差 R 值可知,影响甜品小方质量的因素依次是 A>B>C,即糯米粉和玉米淀粉的比例对甜品小方品质的影响最大,黄油添加量次之,零卡糖添加量影响最小。通过 K 值可知最佳组合为 $A_2B_2C_2$,即最优组合为糯米粉和玉米淀粉比例 7∶1,黄油添加量 20 g,零卡糖添加量 20 g。

表 10　正交试验结果

试验号	A	B	C	感官评分
1	1	1	1	77.4
2	1	2	2	79.5
3	1	3	3	80.5
4	2	1	2	87.3
5	2	2	3	83.9
6	2	3	1	80.0
7	3	1	3	79.4
8	3	2	1	84.1
9	3	3	2	79.8
K1	237.4	244.1	241.5	
K2	251.2	247.5	246.6	
K3	243.3	240.3	243.8	
k1	79.1	81.4	80.5	
k2	83.7	82.5	82.2	
k3	81.1	80.1	81.3	
R	4.6	2.4	1.7	

三、结论

通过单因素试验与正交试验优化得到了甜品小方的最佳配方:糯米粉和玉米淀粉比例 7∶1,黄油添加量 20 g,零卡糖添加量 20 g。此配方条件下生产的甜品小方,颜色均匀、切面细腻、气孔均匀,口感纯正细腻、软硬适中、富有弹性、甜度适中、有糯性、不黏牙、不发腻,无异味。

越南春卷的工艺配方研究

(选自 2020 级学生团队作品)

一、材料与方法

1. 原辅料。

春卷皮、生菜、午餐肉、粉丝、酱料等。

2. 仪器设备及器具。

电子天平、刀、刀板、碗、擦丝器、剪刀、筷子、碟子、砧板、锅。

3. 越南春卷的制作工艺。

工艺流程:春卷皮→浸泡→加午餐肉→加生菜→加新竹米粉→包制→成型→包装。

操作要点:

(1) 生菜的准备:清洗干净,用刀均匀切丝。

(2) 午餐肉的准备:打开包装,用刀切成 0.5 cm 的厚片,在平底锅中倒入适量油,煎至两面焦黄,再切成均匀长条或者用模具压出特殊的形状。

(3) 粉丝的准备:在锅内加入适量水,水煮沸后下入粉丝,7 min 后煮熟捞出,放入辣椒油、酱油、醋和芝麻油等调味。

(4) 越南春卷的制作:将春卷皮完全浸泡水中 5 s,取出平铺在砧板上,依次放入午餐肉 1 块、生菜 7 g、粉丝 15 g,先卷起左右两边,再将上下两边捏合收紧,稍加整理即成型,放入包装盒中。

4. 试验设计。

(1) 单因素试验。

① 春卷皮浸泡时间的确定。控制春卷皮在水里的浸泡时间分别为 3 s、5 s、7 s,参照上文的工艺制作越南春卷,根据感官评分确定春卷皮最佳浸泡时间。

② 粉丝添加量的确定。控制粉丝的添加量分别为 10 g、15 g、20 g,参照上文的工艺制作越南春卷,根据感官评分确定春卷中粉丝的添加量。

③ 生菜添加量的确定。控制生菜的添加量分别为 5 g、7 g、9 g,参照上文的工艺制作越南春卷,根据感官评分确定春卷中生菜的添加量。

(2) 越南春卷最优工艺配方的确定。

以单因素试验的因素水平和结果为参考,选取生菜重量、粉丝重量和春卷皮浸泡时间 3 个因素,根据 $L_9(3^3)$ 表进行正交试验。

越南春卷最优配方正交因素与水平设计见表 11。

表 11　正交试验因素与水平设计

水平	A 生菜添加量/g	B 粉丝添加量/g	C 春卷皮浸泡时间/s
1	5	10	3
2	7	15	5
3	9	20	7

5. 越南春卷感官评价标准。

感官品评小组由随机选取 10 位食品专业同学组成,对越南春卷的四个方面进行评分。

满分 100 分,以 10 人的平均分为最终得分。每个样品评定前都用清水漱口,以排除上一个样品的影响。越南春卷感官评价指标见表 12。

表 12　越南春卷感官评价评分标准

指标	要　求	评分(分)
外观形态 (30 分)	外皮完整无破损,无漏汁	26—30 分
	外皮轻微破损,轻微漏汁	21—25 分
	外皮严重破损,严重漏汁	15—20 分
气味 (20 分)	表皮无味	17—20 分
	表皮略有气味,可以忍受	12—16 分
	表皮气味严重,影响食用	5—11 分
口感 (20 分)	Q 弹,有嚼劲,层次分明	17—20 分
	不 Q 弹,有嚼劲,层次分明	12—16 分
	不 Q 弹,无嚼劲,并且较黏稠	5—11 分
味道 (30 分)	春卷整体酸辣协调	26—30 分
	春卷酸辣味道较淡,无特殊风味	21—25 分
	春卷过酸过辣,味道不协调	15—20 分

二、结果与分析

1. 越南春卷皮浸泡时间对越南春卷感官品质的影响。

浸泡时间对越南春卷感官品质的影响见图 1。在固定越南春卷生菜添加量和粉丝添加量的情况下,当春卷皮浸泡时间为 5 s 时,越南春卷皮品质较优,春卷皮 Q 弹有嚼劲,层次分明,且外观完整,无漏汁现象,评分较高。当浸泡时间大于 5 s 时,感官评分逐渐降低,春卷皮随着浸泡时间的增加,容易连绵无嚼劲,易漏汁,对后续加入配料的形成的口感和外观有一定影响。当浸泡时间不足 5 s 时,春卷皮不易软化,嚼起来口感僵硬,不易咀嚼,不易成形,外观较不完整。因此,确定春卷皮较优浸泡时间为 5 s。

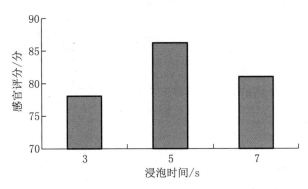

图 1　春卷皮浸泡时间对越南春卷感官品质的影响

2. 生菜添加量对越南春卷感官品质的影响。

生菜添加量对越南春卷感官品质的影响见图2。由图2可知,在固定越南春卷皮浸泡时间和粉丝添加量的情况下,当生菜添加量为7 g时,越南春卷的感官品质较优,口感较清新,外观完整无破损,无漏汁。生菜添加量为9 g时,加入量过多,由于饼皮大小的限制,春卷皮里装不下,生菜含量过多会掩盖其他配料的味道,外观不平整。当生菜添加量为5 g时,生菜在其中的口感略淡,外观也不够饱满。因此,确定较优生菜添加量为7 g。

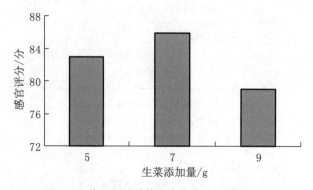

图2　生菜添加量对越南春卷感官品质的影响

3. 粉丝添加量对越南春卷感官品质的影响。

粉丝添加量对越南春卷感官品质的影响见图3。由图3可知,在固定越南春卷皮浸泡时间和生菜添加量的情况下,当粉丝添加量为15 g时,越南春卷的感官品质较优,口感较清新,外观完整无破损,无漏汁。粉丝添加量为20 g时,加入量过多,粉丝含量过多,使外观不平整,并且由于饼皮大小的限制,春卷皮里装不下。当粉丝添加量为10 g时,粉丝在其中的口感略淡,外观也不够饱满。因此,确定较优粉丝添加量为15 g。

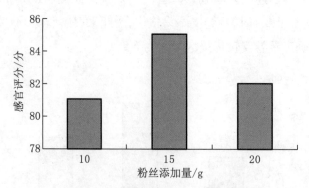

图3　粉丝添加量对越南春卷感官品质的影响

4. 正交试验结果分析。

在单因素试验的基础上,进行三因素三水平的正交试验,正交试验结果见表13。

表 13　正交试验结果

试验号	A	B	C	感官评分
1	1	1	1	84.2
2	1	2	2	83
3	1	3	3	84.2
4	2	1	2	81.3
5	2	2	3	89
6	2	3	1	86.3
7	3	1	3	86.5
8	3	2	1	83
9	3	3	2	82.8
K_1	251.4	252	253.5	
K_2	256.6	255	247.1	
K_3	252.3	253.3	259.7	
k_1	83.80	84.00	84.50	
k_2	85.53	85.00	82.37	
k_3	84.10	84.43	86.57	
R	1.73	1.00	4.20	
因素主次		C＞A＞B		
最优方案		$A_2B_2C_3$		

由表 13 可知,影响越南春卷感官品质的因素主次顺序是 C＞A＞B,即春卷皮浸泡时间对越南春卷的品质的影响最大,生菜添加量次之,粉丝添加量影响最小。由 k 值可知越南春卷的最优方案为 $A_2B_2C_3$,即生菜添加量为 7 g、粉丝添加量为 15 g、春卷皮浸泡时间为 7 s。最优方案正好是正交试验第五组,感官得分最高,无需验证实验。

三、结论

通过单因素试验与正交试验优化了越南春卷的工艺配方,结果表明最佳方案为:生菜添加量 7 g、粉丝添加量 15 g、春卷皮浸泡时间 7 s。此工艺配方下制作的越南春卷,外皮完整无破损,无漏汁现象,皮 Q 弹,有嚼劲,内陷层次分明,口感酸辣协调。

[目的]

了解新产品感官、理化和微生物指标。掌握新产品的感官检验、理化检验、微生物检验等检验方法的原理。

[相关知识及原理]

一、感官检验

又称"官能检验",是以人的感觉为基础,用科学试验和统计方法来评价食品质量的一种检验方法,食品感官检验的基本方法有视觉检验法、嗅觉检验法、味觉检验法和触觉检验法。

1. 视觉检验法。

这是判断食品感官质量的一个重要感官手段。食品的外观形态和色泽对于评价食品的新鲜程度、食品是否有不良改变以及蔬菜、水果的成熟度等有着重要意义。

视觉检验应在白昼的散射光线下进行,以免灯光昏暗发生错觉;检验时应注意整体外观、大小、形态、块形的完整程度、表面有无光泽、颜色深浅色调等。在检验液态食品时,要将其注入无色的玻璃器皿中,透过光线来观察;也可将瓶子颠倒过来,观察其中有无夹杂物下沉或絮状物悬浮。

2. 嗅觉检验法。

嗅觉是指食品中含有挥发性物质的微粒子浮游于空气中,经鼻孔刺激嗅觉神经所引起的感觉。人的嗅觉比较复杂,亦很敏感。同样的气味,因个人的嗅觉反应不同,故感受喜爱与厌恶的程度也不同。同时嗅觉易受周围环境的影响,如温度、湿度、气压等对嗅觉的敏感度都有一定的影响。人的嗅觉适应性特别强,即对一种气味较长时间的刺激很容易顺应。

食品的气味是一些具有挥发性的物质形成的,进行嗅觉检验时常需微微加热,但最好是在15 ℃—25 ℃的常温下进行,因为食品中的挥发性气味物质常随温度的高低而增减。在检验食品的异味时,液态食品可滴在清洁的手掌上摩擦,以增加气味的挥发。识别畜肉等大块食品时,可将一把剪刀微热后刺入深部,拔出后立即嗅闻气味。

3. 味觉检验法。

感官检验中的味觉对于辨别食品品质的优劣是非常重要的一环。在感官检验其质量时,常将滋味分为甜、酸、咸、苦、辣、涩、浓、淡、碱味及不正常味等。味觉神经在舌面上的分布不均匀。舌的两侧边缘是普通酸味的敏感区,舌根对于苦味较为敏感,舌尖对于甜味和咸味较敏感,但这些都不是绝对的,在感官评价食品的品质时,应通过舌的全面品尝方可决定。

味觉与温度有关,一般在 10 ℃—45 ℃范围内为宜,尤其 30 ℃时最敏锐。随温度的降低,各种味觉都会减弱,尤以苦味最为明显,而温度升高又会发生同样的减弱。在进行滋味检验时,最好使食品处在 20 ℃—45 ℃,以免温度的变化增强或减低对味觉器官的刺激。几种不同口味的食品在进行感官评价时,中间必须休息,每检验一种食品之后,必须用温水漱口。

4. 触觉检验法。

凭借触觉来鉴别食品的膨、松、软、硬、弹性(稠度),以评价食品品质的优劣,也是常用的鉴别检验方法之一。在感官检测食品的硬度时要求温度应在 15 ℃—20 ℃,因为温度的升降会影响到食品状态的改变。

二、食品理化检验

目的在于根据测得的分析数据对被检食品的品质和质量做出正确客观的判定和评定。食品理化检验是指借助物理、化学的方法,使用某种测量工具或仪器设备对食品所进行的检验。食品理化检验的主要内容是各种食品的营养成分及化学性污染问题,包括动物性食品(如肉类、乳类、蛋类、水产品、蜂产品)、植物性食品、饮料、调味品、食品添加剂和保健食品等。

基本程序:样品的采集、制备—样品的预处理—检验测定—数据处理。

三、食品微生物检验

是食品质量管理必不可少的重要组成部分,它是贯彻"预防为主"的方针,可以有效地防止或者减少食物人畜共患病的发生,保障人民的身体健康。食品微生物检验是衡量食品卫生质量的重要指标之一,也是判定被检食品是否食用的科学依据之一。通过食品微生物检验,可以判断食品加工环境及食品卫生情况,能够对食品被细菌污染的程度作出正确的评价,为各项卫生管理工作提供科学依据。

微生物检验指标:菌落总数、大肠菌群、致病菌。

1. 菌落总数是指食品检样在严格规定的条件下(样品处理、培养基及其 pH 值、培养温度与时间、计数方法等)培养后,单位重量(g)、容积(mL)或表面积(cm)上,所生成的细菌菌落总数。

2. 大肠菌群是指肠杆菌科的埃希氏菌属、柠檬酸杆菌属、肠杆菌属和克雷伯菌属统称。它们均来自人或温血动物肠道,不形成芽孢,在 35 ℃—37 ℃条件下发酵乳糖产酸产气的革兰氏阴性杆菌。这些细菌是寄居于人及温血动物肠道内的常居菌,它随着大便排出体外。食品中如果大肠菌群数越多,说明食品受粪便污染的程度越大。故以大肠菌群作为粪便污染食品的卫生指标来评价食品的质量,具有广泛的意义。

3. 致病菌即能够引起人们发病的细菌。大肠菌群检验呈阳性,并怀疑食品可能受到致病菌污染时可进行致病菌检验。在我国现有的国家标准中,致病菌一般指"肠道致病菌和致病性球菌",主要包括沙门氏菌、志贺氏菌、金黄色葡萄球菌、致病性链球菌等四种,致病菌不允许在食品中检出。

对不同的食品和不同的场合,应选择一定的参考菌群进行检验。如海产品以副溶血性弧菌作为参考菌群,蛋与蛋制品以沙门氏菌、金黄色葡萄球菌、变形杆菌等作为参考菌群,米、面类食品以蜡样芽孢杆菌、变形杆菌、霉菌等作为参考菌群,罐头食品以耐热性芽孢菌作为参考菌群等。

四、检验及评价的方法

感官检验方法:根据产品种类查阅国家标准中的方法进行检验。

理化检验方法:GB 5009 食品安全国家标准 食品理化检验 系列标准。

微生物检验方法:GB 4789 食品安全国家标准 食品微生物检验 系列标准。

[要求]

1. 做好实验准备,下载并学习食品感官检验、理化检验、微生物检验等检验方法的国家标准。(注:该部分内容中理化检验需结合"食品分析实验"进行)

2. 小组成员分工合作,按时有序地完成新产品品质的检验,做好数据记录。

① 明确新产品的检验项目及检验方法(根据产品种类查阅国标确定需要检测的相关指标及检验方法);

② 根据检验所需,准备仪器和设备、配制药品等;

③ 分工开展检验工作;

④ 检验数据的统计计算;

⑤ 检验结果汇总。

[任务报告]

检验报告:写明检验项目、检验方法、检验结果,最终检验结论等内容。

自行设计检验报告(格式可参照附录 5),A4 纸打印空白报告,检验后手写填入检验结果。

[**产品检验报告案例**]

产品检验报告

检品名称	西瓜子		生产日期	2017 年 12 月 23 日
采样地点	成品库		包装规格	15 kg
标准依据	GB/T22165—2008		检验日期	2017 年 12 月 26 日
检验项目	感官、净含量、卫生指标		报告日期	2017 年 12 月 26 日
检验方法		GB 4789.3—2016		

	序号	检验项目	标准要求	检验结果	单项判定
感官	1	外观形态	颗粒形态饱满,不得有明显异常颗粒	颗粒形态饱满,无异常颗粒	合格
	2	色泽	色泽均匀,不同品种应具有相同色泽,不得有明显杂色	色泽均匀,无杂色	合格
	3	口味	香味与气味纯正,无异味,烘炒类,油炸类,带壳产品具有松脆感	咸淡适口,无异味	合格
	4	杂质	无肉眼可见外来杂质	无肉眼可见杂质	合格
	5	净含量	15 kg	15 kg	合格
	6	大肠菌群（MPN/100 g）	≤30	<15	合格
检验结论			以上所检项目符合标准要求		

检验员：赵峰
检验专用章

[目的]

掌握标准的结构和编写方法。掌握产品标准的主要内容,学会制定产品标准。

[相关知识及原理]

一、产品标准概述

1. 定义:产品标准是指对产品原材料、规格、质量和检验方法等所做的技术规定。

2. 产品标准的内容:封面、前言、名称、范围、规范性引用文件、术语和定义、质量要求(包括原料要求;产品的感官指标、理化指标、微生物指标;添加剂的要求)、检验方法、检验及判定规则、包装、标识、储存运输等。

二、产品标准的编写(以企业产品标准为例)

1. 封面。

主要内容包括:标准的层次、标准的标志、标准编号、代替标准编号、国际标准分类号、中国标准文献分类、名称、发布、实施日期、发布部门。若编写企业标准可以不标出国际标准分类号、中国标准文献分类号。

2. 前言。

可以包括以下方面内容:标准的性质、标准的结构;采用国际标准的情况;标准代替或废除的全部或部分其他文件;与前一版本的重大技术变化;实施日期和实施要求;标准的提出、归口、起草单位、起草人;标准所代替标准的历史版本发布情况等。

3. 范围。

标准中一切技术内容的规定,都是在"范围"所界定的界限内起作用的,超出标准的"范围",这些规定就不适用了。

范围的内容分为两部分:本标准中"有什么(标准的对象)";本标准"干什么用(标准的适用性)"。

4. 规范性引用文件。

规范性引用的文件是执行标准时一定要执行的文件,有注日期及不注日期区别:①注日期引用,其后发布的修改单或修订版(除勘误表)均不适用本标准。②不注日期引用,其所有修改单及最新版本均适用本标准。

5. 术语和定义。

编写原则:普通词汇不必给出定义,术语应有特定含义;与基础标准中的术语不矛盾;如果在相关标准已能找到,可以不写;仅限于范围限定的领域内进行定义;要求:精练、准确,不宜出现俗称。

6. 质量要求。

包括:原辅料要求;产品的感官指标、理化指标、微生物指标;添加剂的要求;净含量及允许短缺量;加工过程的卫生要求;污染物限量、农药限量、兽药限量等。

编写"要求"时要注意:要求中所规定的指标、特性等必须能被证实;与现行的强制性标准不相抵触;不应包含有关费用、价格、厂家、品牌等非技术性内容。

7. 检验方法。

编写注意事项:

(1) 试验方法一般应采用现行标准试验方法。

(2) "要求"章中的每项要求,均应有相应的试验或测量方法,二者的编排顺序也应尽可能相同。

(3) 原则上,对一项指标只规定一种试验或测量方法,且试验或测量方法应具有再现性。

(4) 在规定试验(或测量)用仪器、设备时,不应规定制造厂或其商标名称。

8. 检验及判定规则。

(1) 检验类型及检验项目:

① 出厂检验:具体项目由生产者或接收方确定,即使不检的项目也必须保证符合标准要求。

② 型式检验:应包括标准"质量要求"中规定的所有项目。

型式检验的时机:停产或转产后恢复生产;新产品试制或鉴定;原料、工艺有重大变化;出厂检验与上次型式检验有较大差异;等。

(2) 组批规则:

一般规定同一班次、同一生产线、同一规格或品种的产品为一批,或同一时段、同一原料、同一生产线、同一规格或品种的产品为一批。

(3) 抽样方法与数量:

规定抽样采样的方法及每批次抽样的数量,抽样后的样品保存等内容。

(4) 判定规则和复验规则:

判定规则是判定一批产品是否合格的条件。对每一类检验均应规定判定规则。

复验规则是根据产品特点对第一次检验不合格的项目再次提出检验,并规定复验规则,根据复验结果再进行综合判定。

9. 包装、标识、储存运输。

(1) 包装:对产品使用的包装材料、容器(包装箱、袋、瓶、罐等)、包装方法等方面的要求。

(2) 标识:对产品销售包装和运输包装上的应标明的标签、标识的规定及说明。

(3) 储存运输。

储存运输:根据产品特点对储存运输的场所、温湿度条件、方式、卫生要求等作出相应的规定。

保质期:符合标准规定的包装、储运条件下的储存期限。

[要求]

1. 制定标准前,下载并学习新产品的有关国家标准。应下载的标准如下:

(1) 产品的国家标准。例如,新产品是"岩茶饼干",则应下载《GB 7100—2015 食品安全国家标准 饼干》作为参考。

(2) GB 2760 食品安全国家标准 食品添加剂使用标准

(3) GB 2761 食品安全国家标准 食品中真菌毒素限量

(4) GB 2762 食品安全国家标准 食品中污染物限量标准

(5) GB 2763 食品安全国家标准 食品中农药最大残留限量

(6) GB 7718 食品安全国家标准 预包装食品标签通则

(7) GB 14880 食品安全国家标准 食品营养强化剂使用标准

(8) GB 28050 食品安全国家标准 预包装食品营养标签通则

(9) GB 29921 食品安全国家标准 食品中致病菌限量

注:以上标准是制定大多数产品标准时可能会参考的标准。在制定不同的产品标准时,还需要根据实际情况下载其他有关标准。

2. 以小组为单位,共同讨论制定新产品的产品标准。

[任务报告]

新产品的产品标准。

[参考案例]

例1 泡芙标准(选自 2016 级学生团队作品"泡芙的研发")

泡 芙

一、范围

本标准规定了卡仕达酱泡芙的要求、试验方法、检验规则、标志、标签、包装、运输、贮存、保质期。

本标准适用于以面粉、鸡蛋、牛奶为主要原料,牛奶加热至沸腾,加入面粉、鸡蛋充分混合搅打,烘焙至定型,而后挤入卡仕达酱的一种烘焙类糕点。

二、规范性引用文件

下列文件对于本文件的应用是必不可少的。凡是注日期的引用文件,仅所注日期的版本适用于本文件。凡是不注日期的引用文件,其最新版本(包括所有的修改单)适用于本文件。

GB/T 191　　包装储运图示标志

GB 2721　　食品安全国家标准　　食用盐

GB 2762　　食品安全国家标准　　食品中污染物限量

GB 4789.2　　食品安全国家标准　　食品微生物学检验　　菌落总数测定

GB 4789.3　　食品安全国家标准　　食品微生物学检验　　大肠菌群计数

GB 4789.15　　食品安全国家标准　　食品微生物学检验　　霉菌和酵母计数

GB 4806.7　　食品安全国家标准　　食品接触用塑料材料及制品

GB 5009.5　　食品安全国家标准　　食品中蛋白质的测定

GB 5009.6　　食品安全国家标准　　食品中脂肪的测定

GB 5009.12　　食品安全国家标准　　食品中铅的测定

GB 5009.227　　食品安全国家标准　　食品中过氧化值的测定

GB 5009.229　　食品安全国家标准　　食品中酸价的测定

GB/T 6543　　运输包装用单瓦楞纸箱和双瓦楞纸箱

GB/T 8607　　高筋小麦粉

GB/T 8608　　低筋小麦粉

GB/T 8885　　食用玉米淀粉

GB 9687　　食品包装用聚乙烯成型品卫生标准

GB 13104　　食品安全国家标准　　食糖

GB 14881　　食品安全国家标准　　食品生产通用卫生规范

SB/T10638　　鲜鸡蛋、鲜鸭蛋分级

JJF 1070　　定量包装商品净含量计量检验规则

三、要求

1. 原辅料要求。

鸡蛋应符合 SB/T 10638 的要求。

高筋面粉应符合 GB/T 8607 的要求。

低筋面粉应符合 GB/T 8608 的要求。

食盐应符合 GB 2721 的要求。

食糖应符合 GB 13104 的要求。

玉米淀粉应符合 GB/T 8885 的要求。

2. 感官指标。

感官要求应符合表 1 的规定。

表 1　感官指标

项　　目	要　　求
外　　观	外皮呈淡黄色和部分棕黄色,馅呈乳白色;无其他颜色、斑点,有光泽
形态组织	表面完整、呈不规则圆柱形,无裂痕,并有立体感
滋味口感	外壳酥香松脆,馅甜而不腻,口感细腻,不粘,散发香味
杂质异物	无任何杂质异物

3. 理化指标。

理化指标应符合表 2 的规定。

表 2　理化指标

项　　目		指　　标
脂肪(g/100 g)	≥	8.0
酸价(以脂肪计)(KOH)/(mg/100 g)	≤	5.0
过氧化值(以脂肪计)(g/100 g)	≤	0.25
蛋白质/(g/100 g)	≥	2.5
铅/(g/100 g)	≤	0.05

4. 微生物指标。

微生物指标应符合表 3 的规定。

表 3　微生物指标

项　　目	采样方案 a 及限量				检验方法
	n	c	m	M	
菌落总数(CFU/g)	5	2	10^4	10^5	GB 4789.2
大肠杆菌(CFU/g)	5	2	10	10^2	GB 4789.3 中的平板计数法
霉菌*(CFU/g) ≤	150				GB 4789.15

注 1:a 样品的采样及处理按 GB 4789.1 和 GB 4789.21 执行;

注 2:n 为同一批次产品应采集的样品件数;c 为最大可允许超出 m 值的样品数;m 为致病菌指标可接受水平的限量值;M 为致病菌指标的最高安全限量值。

* 霉菌指标严于食品安全国家标准。

5. 净含量及允许短缺量。

净含量及允许短缺量应符合表 4 的规定。

表 4　净含量及允许短缺量

净含量 Q(g)	允许短缺量	
	Q 的百分比	g
50	9	—
50—100	—	4.5
100—300	—	9
300—500	—	27

6. 生产加工过程的卫生要求。

应符合 GB 14881 的规定。

7. 污染物限量。

应符合 GB 2762 的规定。

四、检验方法

1. 感官检验

按抽样方法取样品泡芙依次摆开,自然光下用肉眼观察性状、色泽、杂质,剖开样品蛋,嗅其气味,然后以温开水漱口,品其滋味,应符合表 1 的规定。

2. 理化指标检验

(1) 脂肪。按 GB 5009.6 规定的方法测定。

(2) 酸价。按 GB 5009.229 规定的方法进行测定。

(3) 过氧化值。按 GB 5009.227 规定的方法进行测定。

(4) 蛋白质。按 GB 5009.5 规定的方法测定。

(5) 铅。按 GB 5009.12 规定的方法测定。

(6) 净含量及允许短缺量。按 JJF 1070《定量包装商品净含量计量检验规则》规定的方法进行。

五、检验规则

1. 原料检验。

原料入库前,必须索取供货方出具的合格证明或经企业质检部门检验合格后方可入库。

2. 组批。

一次投料、同一班次、同一生产线生产的同一规格包装完好产品为一批。

3. 抽样。

一般情况下按 3% 随机抽样进行检验。

4. 出厂检验。

每批产品出厂前均由公司检验员按本标准进行检验合格,发给合格证方可出厂。出厂检验项目为:感官、净含量及允许短缺量、菌落总数、大肠菌群的检验。

5. 型式检验。

型式检验项目为 3.2、3.3、3.4、3.5 的所有指标。

下列情况进行型式检验:停产或转产后恢复生产;新产品试制或鉴定;原料、工艺有重大变化;出厂检验与上次型式检验有较大差异;监督管理部门要求时。

6. 判定规则。

当检验项目全部符合标准规定时,则判为合格产品。有一项不符合要求时,可自保留样品中或对同批产品再次随机抽取样品进行复检,若结果均符合标准要求时,则判定该产品为合格产品,若仍有一项不合格时,则判定为不合格。微生物指标不得复检。

六、标志、标签、包装、运输、贮存、保质期

1. 标志、标签。

产品运输包装的标志标签应符合 GB/T191 的规定,销售包装的标识应符合国家质量监督检验检疫总局令 009 第 123 号的《食品标识管理规定》有关规定。应标明:产品名称、配料表、净含量、生产厂名称及地址、产品的生产日期批号、保质期、贮存方法、产品标准代号、商标、生产许可证编号等。

2. 包装。

产品的销售包装应选用符合食品卫生要求的塑料盒包装。塑料盒质量要求应符合 GB4806.7 的有关规定。运输包装为纸箱包装,其质量要求应符合 GB/T6543 的有关规定。

3. 运输。

产品运输工具应清洁卫生,避免雨淋、日晒,搬运时应小心轻放,不得与有毒、有害、有异味等产品产生不良影响的物品混合运输。

4. 贮存。

产品应贮存在干燥、通风良好、清洁卫生的仓库内,必须有防鼠台,与地面距离≥10 cm,离墙≥10 cm,不得与有毒、有害、有异味易挥发、易腐蚀等物品同库贮存。

5. 保质期。

在上述规定条件下,产品生产之日起,保质期两天。

项目六 新产品 HACCP 的制定

[目的]

掌握危害分析及关键控制点的七大原理。学会制定 HACCP 计划。

[相关知识及原理]

一、HACCP 定义

HACCP 是对食品加工、运输以至销售整个过程中的各种危害进行分析和控制,从而保证食品达到安全水平。

二、HACCP 的七大原理

1. 进行危害分析(HA)和制定控制措施:绘制工艺流程图,列出与食品生产各阶段(从原料生产到消费)有关的潜在危害及其程度,并列出各有关危害的有效控制措施。危害包括生物性(微生物、昆虫)、化学性(农药、毒素、化学污染物、药物残留、添加剂等)和物理性(玻璃、石块、头发等杂质)的危害。危害程度主要取决于危害发生的可能性及发生后的严重性。

2. 确定关键控制点(CPP):可以使用决策树(decision tree)鉴别工序中的关键控制点。关键控制点是指能对危害进行有效控制的某一个工序、步骤或程序,如原料生产收获与选择、工艺参数、产品配方等都可能是关键控制点。通常将可以预防危害、消除危害或将危害降低至可接受的水平的工序步骤确定为关键控制点。一种危害(如微生物)往往可由几个CCP 来控制,若干种危害也可以由 1 个 CCP 来控制。此外,要注意决策树的应用是有局限性的,要根据专业知识与有关法规来辅助判断和说明。

3. 制定关键限值(CL):即制定为保证各 CCP 处于控制之下的而必须达到的安全目标水平和极限。选择关键限值的原则是:可控制且直观、快速、准确、方便和可连续监测。在生产实践中,一般不用微生物指标作为 CL,可考虑用温度、时间、流速、含水量、水分活度、pH、盐度、密度、质量、有效氯等可快速测知的物理的和化学的参数,以利于快速反应,采取必要的纠偏措施。CL 值的确定,可参考有关法规、标准、文献、专家建议和实验结果等。

4. 建立一个系统以监测关键控制点:通过有计划的测试或观察,保证 CCP 是否符合限值(CL)的要求,从而确定 CCP 处于被控制状态,其中测试或观察要有记录。监控应尽可能采用连续的理化方法,如无法连续监控,也要求有足够的间隙频率次数来观察测定各 CCP 的变化规律,以保证 HACCP 计划的制订与实施食品质量管理的有效性。实施监控必须明确四要素：监控对象、监控方法、监控频率和监控人员。

5. 确立纠偏措施：在监测结果表明某特定关键控制点失控时，应采取纠偏措施。任何 HACCP 方案要完全避免偏差是几乎不可能的，因此需要预先确定纠偏行为计划，对已产生偏差的食品进行适当处置，纠正偏差，确保 CCP 再次处于控制之下，同时要做好纠偏过程的记录。纠偏行动要解决两类问题：一是制定使工艺重新处于控制之中的措施；二是拟定 CCP 失控时所生产的食品的处理办法，包括将失控的产品进行隔离、扣留、评估其安全性、原辅料及半成品等改作他用（如做饲料）、重新加工（杀菌）和销毁产品等。

6. 建立验证程序以证实 HACCP 系统在有效地运行：审核 HACCP 计划的准确性，包括适当的补充试验和总结，验证 HACCP 是否在正常运转或 HACCP 计划是否需要修改及再确认、生效，以证实 HACCP 计划的完整性、适宜性、有效性。验证方法包括生物学的、物理学的、化学的或感官方法。

7. 建立以上原理和应用的各项程序和记录的档案：完整准确的过程记录有助于及时发现问题和准确分析与解决问题，使 HACCP 原理得到正确应用。因此 HACCP 在实施过程中，都要求做例行的、规定的各种记录，同时还要求建立适于这些原理及应用的所有操作程序和记录的档案制度，包括计划准备、执行、监控、记录及相关信息与数据文件等都要准确和完整地保存。所有的 HACCP 记录归档后妥善保管，自生产之日起至少要保存 2 年。

三、HACCP 计划的建立程序

步骤 1：组成 HACCP 小组。

HACCP 小组的任务：负责编写 HACCP 体系文件，监督 HACCP 体系的实施，承担 HACCP 体系建立和实施过程中的关键工作。

步骤 2：产品描述。

对产品（包括原辅料与包装材料），以及进行危害分析所需的信息进行全面的描述。

步骤 3：确定预期用途和产品的消费者。

步骤 4：绘制流程图。

根据产品的操作要求描绘产品的工艺流程图。流程图没有统一的模式，但应包括所有操作步骤。同时，还需要有详细的操作要点和技术数据资料。

步骤 5：流程图现场验证。

在工作现场验证，确定其与实际生产一致。发现不一致或存在遗漏时，应对流程图作相应修改或补充，以确保流程图的准确性、适用性和完整性。

步骤 6：危害分析和制定控制措施。（原理 1）

步骤 7：确定关键控制点。（原理 2）

步骤 8：确定各 CCP 的关键限值。（原理 3）

步骤 9：制定 CCP 的监控措施。（原理 4）

步骤 10:建立关键限值偏离时的纠偏措施。(原理 5)

步骤 11:HACCP 计划的确认和验证。(原理 6)

步骤 12:对 HACCP 计划记录的保持。(原理 7)

步骤 13:对 HACCP 计划的回顾。

回顾制度:HACCP 在经过一段时间的运行,或也做了完整的验证,都有必要对整个实施过程进行回顾与总结。

[要求]

1. 掌握 HACCP 的七大原理,下载并阅读有关 HACCP 计划的科技论文。

2. 以小组为单位,针对新产品的加工过程,建立 HACCP 体系:对新产品及其工艺进行描述,识别加工过程中可能发生危害的环节,并采取适当的控制措施防止危害的发生,确定关键控制点及关键限值,对关键控制点进行监视和控制,从而将危害降低至可接受水平。

[任务报告]

新产品 HACCP 计划书。内容包括:产品描述、工艺流程、工艺描述、危害分析工作单和 HACCP 计划表等。

[参考案例] 钵仔糕的危害分析工作单

案例　钵仔糕的危害分析工作单(选自 2016 级学生团队作品"钵仔糕的研发")。

钵仔糕的危害分析工作单

企业名称:六只老鼠食品有限公司　　　　产品名称:钵仔糕　　　　储存和销售方法:常温线下销售
企业地址:武夷学院　　　　预期用途和消费者:零食点心

工序		潜在危害	潜在危害是否显著	判断依据	预防措施	是否CCP
原辅料验收	澄面	生物性:致病菌污染	是	当产品中水分含量超标或受潮时,而导致致病菌污染	由 SSOP 控制,加强仓库的卫生管理,原料保持干燥且后面的烘焙工序可以杀灭致病菌	否
		化学性:农残超标或增白剂残留超标	是	小麦生长中受环境化学污染或农药残留超标;制造面粉过程中所使用的增白剂残留超标	要求供应商提供产品合格证明	是
		物理性:沙粒、头发	否	可通过筛粉去除	筛粉	否
	早米米粉	生物性:致病菌危害	是	当产品中水分含量超标或受潮时,而导致致病菌污染	由 SSOP 控制,加强仓库的卫生管理,原料保持干燥且后面的烘焙工序可以杀灭致病菌	否
		化学性:农残超标或增白剂残留超标	是	稻米生长中受环境化学污染或农药残留超标;制造面粉过程中所使用的增白剂残留超标	查验供应商的产品合格证明	是
		物理性:砂石、头发	否	可通过筛粉去除	筛粉	否

工序		潜在危害	潜在危害是否显著	判断依据	预防措施	是否CCP
原辅料验收	白砂糖	生物性:无	否			否
		化学性:砷、铅、SO₂残留	是	甘蔗种植污染和制糖控制不当,SO₂在人体内的积聚有毒性反应	要求供应商提供产品合格证明。产品符合GB13104的要求	是
		物理性:无				
	奶粉	生物性:细菌、致病菌危害	是	当产品中水分含量超标或受潮时,而导致致病菌污染	由SSOP控制,加强仓库的卫生管理,原料保持干燥且后面的烘焙工序可以杀灭致病菌	否
		化学性:农药、重金属残留、毒素	是	原料中有农药、重金属和黄曲霉毒素残留,对人体健康造成威胁	选择合格的固定供应商,索取奶粉的检验合格证,抽样检验	是
		物理性:无				
调制		生物性:病原体生长、病原体污染	否	连续操作不可能发生	保证调制过程连续进行	否
		化学性:清洁剂残留	否	器具清洗不完全导致清洁剂残留	通过SSOP控制,严格进行清洗并消毒	否
		物理性:异物	否	搅拌过程中可能有异物掉落	粉浆过筛	否
蒸制		生物性:细菌、致病菌危害	是	蒸制温度、时间未达到工艺要求	调整蒸制温度、时间,使其符合标准	是
		化学性:清洗剂残留	否	不适当的清洗造成清洗剂残留	通过SSOP控制	否
		物理性:无				
冷却		生物性:细菌、致病菌污染	是	不适当的清洗造成器具中细菌残留冷却水未及时更换造成微生物污染	设备采用严格清洗步骤并消毒定时更换冷却用水	否
		化学性:清洗剂残留	是	不适当的清洗造成清洗剂残留	通过SSOP控制,设备采用严格清洗步骤并消毒	否
		物理性:无				
脱模		生物性:病原菌、杂菌污染	是	脱模所用器具携带病原菌、杂菌对产品造成污染	器具使用前经严格清洗步骤并消毒	否
		化学性:无				
		物理性:无				
包装		生物性:病原菌污染	是	受人员或工器具的污染包装不严密收到病原体污染	通过SSOP控制,人员工器具严格清洗消毒	否
		化学性:无				
		物理性:无				
储存		生物性:霉菌、致病菌污染	否	储存过程中滋长霉菌	定时检查产品情况控制存储环境温度、湿度	否
		化学性:无				
		物理性:无				

编制:　　　　　　　　　　审核:　　　　　　　　　　批准:

钵仔糕的 HACCP 计划表

关键控制点	显著的危害	关键限值	监控				纠偏行动	记录	验证程序
			对象	方法	频率	人员			
原辅料验收 澄面、早米粉、白砂糖、奶粉 CCP1	农药残留、重金属残留、SO₂ 残留、黄曲霉毒素等	见 CCP1 分解表	产品检验合格证明	查验	每批	检验员	拒收没有产品检验合格证明或经质检检验不合格的原材料	验收记录	1. 每周至少一次复查入库记录; 2. 每年至少一次将原料自行抽检送检验机构检验的有效性或供应商提供的检验报告检测出示的产品检验合格证明报告
蒸制 CCP2	病原体残留	蒸制温度≥100℃; 时间≥20 min	蒸制灭菌的温度和时间	监测	每 5 分钟	操作工	温度过低或蒸制时间不够,则重新蒸制,保证温度≥100℃,时间≥20 min	蒸制工作记录	1. 主管每天至少一次检查当天的产品蒸制操作记录; 2. 质检每周至少一次校验该蒸制设备的温度指示仪表和计时器

CCP1(原辅料验收)分解表

验收产品	安全危害	关键限值(CL)	CL 建立依据
澄面	重金属、农残等	Pb≤0.2 mg/kg;As≤0.1 mg/kg;Hg≤0.02 mg/kg;六六六≤0.05 mg/kg;滴滴涕≤0.05 mg/kg;氰化物≤0.05 mg/kg;溴酸钾:不得检出	GB/T 8883—2017(食用小麦淀粉) GB 2715—2016(粮食卫生标准)
早米粉	黄曲霉毒素、酸价、过氧化值等	Pb≤0.2 mg/kg;As≤0.1 mg/kg;Hg≤0.02 mg/kg;六六六≤0.05 mg/kg;滴滴涕≤0.05 mg/kg;氰化物≤0.05 mg/kg;溴酸钾:不得检出	NY/T 1512—2014(绿色食品、米粉制品)
白砂糖	铅、砷超标	无机砷≤0.05 mg/kg;铅≤0.5 mg/kg	GB 13104—2014(食糖卫生标准)
奶粉	重金属、农残	黄曲霉毒素≤0.5 μg/kg;砷(以 As 计)≤0.2 mg/kg;汞≤0.01 mg/kg;六六六≤0.1 mg/kg;滴滴涕≤0.05 mg/kg;铅(以 Pb 计)≤0.2 mg/kg;铬(以 Cr^{6+})≤0.3 mg/kg;硝酸盐(以 $NaNO_3$)≤11.0 mg/kg;亚硝酸盐($NaNO_2$)≤0.2 mg/kg;硒(以 Se 计)≤0.03 mg/kg;锌(以 Zn 计)≤10 mg/kg;青霉素≤0.001 mg/kg	GB 19644—2010(乳粉卫生标准)

[目的]

学会设计产品评价调查表;能够根据评价意见提出新产品的改进方案。

[相关知识及原理]

一、新产品市场试销

新产品生产后,为了解市场需求情况所做的试探性销售。尽管从新产品构思到新产品实体开发的每一个阶段,企业开发部门都对新产品进行了相应的评估、判断和预测,但这种种评价和预测在很大程度上带有新产品开发人员的主观色彩。最终投放到市场上的新产品能否得到目标市场消费者的青睐,企业对此没有把握,通过市场试销将新产品投放到有代表性地区的小范围的目标市场进行测试,企业才能真正了解该新产品的市场前景。

二、试销的意义

1. 试销可以保证新产品大规模投放市场时的安全。

2. 试销给管理人员为新产品拟定的市场营销组合提供了一个"实验室",以比较不同的市场营销组合方案,选出最优方案。

3. 通过试销可以实际了解消费者类型、态度和与竞争产品比较的结果,由此可以帮助企业修正目标市场,估计销售水平,并为广告和推销方式选择提供参考意见。

4. 试销中可以发现产品的缺陷,以便于及时改进。

三、试销的缺点

1. 试销成功并不意味着产品正式上市销售时也一定取得成功。这受到很多因素的影响,例如消费者的心理和习惯不易准确估计,竞争情况复杂多变,经济形势难以预料等。

2. 试销花费较多的费用和时间。根据美国的资料记载,对于准备推向全美市场的新产品,需花费 25 万美元在两个实验城市进行试销,而试销占用的时间有时相当长,可达半年至一年之久。

3. 试销期间会给竞争者提供一定的新产品信息。竞争对手将会监测新产品的试验,可能会出现窃取成果的情况,由此迅速发展起他们的新产品或制订出竞争对策。

四、试销注意事项

1. 随时关注宣传试销效果,及时改善营销策略。新产品试销过程中,大量的广告宣传是必不可少的,试销前预先制作宣传单张、制定广告语等,多种宣传试销方式可同时应用,如人员上门推销、展销、微信、网站、邮件、电话等宣传试销渠道均可。试销人员的一个重要任务是要注意检查这些试销宣传的效果,以便发现问题,及时修改市场营销策略。

2. 控制试销成本。在试销期间,通常是小批量样品生产,因此无法产生规模化生产的巨大效益。而试销需要投入大量的市场调研、广告宣传费用,因此产品试销时的利润通常都是负值。要尽快摆脱这种状况,扩大销售量是主要的办法,但控制成本也是不容忽视的方面。

3. 控制试销时间。试销时间不宜过长,使其尽可能地短,是新产品成功的一个关键因素。主要原因有二:

(1) 产品寿命周期正在不断缩短,这是由于消费者无止境地需求新产品引起的,它迫使企业不断地推出新产品,故产品寿命周期变短,也因此不宜在试销上花费过多时间,导致消费者对新产品产生疲劳感。

(2) 来自竞争对手的压力,试销的缺点之一是会给竞争者提供新产品信息,因此时间不宜过长,缩短竞争对手效仿学习新产品的时间,减少对竞争对手制定出营销对策来对抗新产品和机会。

[要求]

各小组设计新产品评价调查表;选择适宜的试销方式,制作宣传图册及广告语;在学校内试销新产品,同时收集消费者对新产品的意见;汇总意见,提出新产品的改进方案。

[步骤]

1. 设计产品评价调查表:查阅文献资料,了解产品意见调查表应包括哪些内容,并自行设计产品评价调查表。

2. 新产品试销及产品意见调查:各小组试加工新产品,在校园内进行试销。试销时,请消费者填写产品评价调查表,并收回评价调查表。

3. 调查结果分析:小组分工合作,汇总并分项分析调查表中的意见;根据消费者的意见,提出新产品的改进方案。

[任务报告]

1. 产品评价调查表。

2. 评价调查的原始资料(调查时填写的手稿)。

3. 调查结果的数据分析(图、表等形式体现)。

4. 新产品的改进方案。

[试销问卷案例]

例1 "吉味坊"熟食调查问卷

1. 您的年龄？

A. 20 岁以下   B. 20—30 岁   C. 30—40 岁   D. 40—50 岁

E. 50 岁以上

2. 您的性别？

A. 男   B. 女

3. 您的职业？

A. 事业单位人员   B. 企业人士

C. 务工人员   D. 学生

E. 退休人员   F. 个体户或其他

4. 您收入的情况？

A. 无收入   B. 1 000 元以下   C. 1 000—3 000 元   D. 3 000—5 000 元

E. 5 000 元以上

5. 家里是否有小孩（初中以下）？

A. 有   B. 没有

6. 您平时喜欢吃包装类肉制熟食吗？

A. 非常喜欢   B. 一般喜欢   C. 不喜欢   D. 非常不喜欢

7. 在选购熟食产品时，您通常最关心哪些因素？

A. 口味   B. 价格   C. 品牌   D. 地道、富有特色

E. 包装   F. 营养及配料等健康元素   G. 卫生质量

8. 您比较喜欢下列哪种口味的包装类肉制熟食？

A. 风干型   B. 多汁型   C. 腌制型   D. 香辣味

E. 麻辣味   F. 甜辣味   G. 五香味   H. 酱香味

9. 以下哪些促销方式会激起您的购买欲望？

A. 打折促销   B. 免费试吃   C. 附赠礼品   D. 会员积分换购

E. 广告   F. 新产品推出

10. 您了解"吉味坊"品牌吗？

A. 非常了解   B. 大致了解   C. 有所了解   D. 完全不了解

11. 您经常一次性购买多少钱的卤味熟食？

A. 5 元以下   B. 5—10 元   C. 10—15 元   D. 15—30 元

E. 30 元以上

12. 您是出于何种需求购买卤制熟食?

A. 用餐 　　　　　B. 零食 　　　　　C. 其他

13. 您购买熟食产品的频率是?

A. 经常 　　　　　B. 偶尔

14. 请写下您对"吉味坊"熟肉制品的意见。

例 2　"蜜汁鸡"品质评价问卷

一、基本信息

1. 您的年龄?

A. 20 岁以下 　　B. 20—30 岁 　　C. 30—40 岁 　　D. 40—50 岁

E. 50 岁以上

2. 您的性别?

A. 男 　　　　　B. 女

3. 您的职业?

A. 事业单位人员 　B. 企业人士 　　C. 务工人员 　　D. 学生

E. 退休人员 　　F. 个体户或其他

4. 您收入的情况?

A. 无收入 　　　B. 1 000 元以下 　C. 1 000—3 000 元 　D. 3 000—5 000 元

E. 5 000 元以上

5. 您的月消费情况?

A. 500 元以下 　　B. 1 000 元以下 　C. 1 000—3 000 元 　D. 3 000—5 000 元

E. 5 000 元以上

二、蜜汁鸡品质评价

1. 口感。

A. 很好 　　　　B. 较好 　　　　C. 口感差

2. 回味。

A. 香甜悠长 　　B. 适中 　　　　C. 有异味,苦涩

3. 香味。

A. 香气馥郁 　　B. 香气较淡 　　C. 无香味或有腥味

4. 色泽。

A. 颜色宜人 　　B. 颜色适中 　　C. 难看变色

5. 外形。

A. 完整,美观 　　B. 还行 　　　　C. 不规整、不好看

6. 口味。

A. 咸甜适宜   B. 味淡   C. 甜味过重

7. 包装。

A. 精美   B. 一般   C. 材料不好,不好看

三、其他

1. 您给"蜜汁鸡"产品打几分?

A. 5   B. 4   C. 3   D. 2

E. 1

2. 您认为本产品的售价合理吗?

A. 价格偏高   B. 基本合理   C. 价格便宜于同类产品

3. 您会回购本产品吗?

A. 会   B. 可能会   C. 不太会   D. 不会

4. 请您写下对本产品的建议,谢谢!

[产品改进案例]

选自 2016 级学生团队作品"青团的研发"。

青团的改进方案

产品名称	青团	项目责任人	黄民丽	日期	2019.05.05
改进类型		☑外观　☑风味　☑配方　☐工艺　☑原料			

<table>
<tr><td rowspan="2">改进内容</td><td>现有产品状况(产品优缺点、消费者的评价结果、消费者的建议等):
产品优点:香气浓郁、呈规则圆形,有食欲,表面光滑,内馅种类丰富,具有该产品应有的风味和滋味。
产品缺点:大小不一、颜色偏暗不均匀、口感偏黏。
消费者评价结果:分量小、口味多样,味道不错,但某些口味非大众化。
消费者的建议:紫薯炼奶馅的可稍甜,分量可适当增加,可适当增加青团皮中艾草的添加量</td></tr>
<tr><td>改进办法(措施):
1. 外观改进:菠菜和艾草的比例再适当调整,产品大小应严格把控,可借用辅助工具,干湿料应充分搅拌均匀。
2. 质构改进:外皮和内馅包裹紧实,尽量做到无空隙。
3. 气味和滋味:紫薯馅适当增加甜味,可加入艾草揉皮增加艾草气味。
4. 口感:把控好糯米粉、淀粉、艾草汁的比例

预期达到的结果:外观颜色纯正、表面光滑、色泽均匀、大小适中,咸甜适中,具有该产品应有的滋味和气味,口感细腻无粘牙现象

改进费用预算:
增加菠菜的费用 30.9 元,用于青团外皮外观颜色改善</td></tr>
</table>

一、页面要求：

用 A4(210×297 mm)；页边距按以下标准设置：上边距和下边距为 25 mm；左边距和右边距为 30 mm；装订线：0 mm；页眉：20 mm；页脚：15 mm。

二、打印要求：

采用单面打印。

三、封面要求：

封面可自行设计，包括标题、团队成员、团队标识。

四、内容排版要求：

一级标题用小三号黑体，段前和段后各 1 行；

二级标题用四号黑体，段前和段后各 1 行；

三级标题用小四号黑体，段前和段后各 0.5 行；

正文内容"中文字体"为小四号宋体，"西文字体"为小四号 Times New Roman，行距为固定值 22 磅，首行缩进两字符。

五、参考文献要求：

参考文献按国家标准《文后参考文献著录规则》(GB/T 7714—2005)进行撰写。参考文献内容中的"中文字体"为小四号宋体，"西文字体"为小四号 Times New Roman；标点符号及英文字母必须在英文状态下输入；行距为固定值 18 磅。

六、插表、插图、公式的排版要求：

图、表、公式等一律用阿拉伯数字分章连续编号，如图 3-1、表 5-1、(3-2)等。图、表和公式等与正文之间间隔 0.5 行。

图应有图题，表应有表题，并分别置于图号和表号之后，图号和图题应置于图下方的居中位置，表号和表题应置于表上方的居中位置。引用图或表应在图题或表题右上角标出文献来源。

排版细节要求见下文：

报告标题(黑体三号居中)

一、引　　言(或概述)

(“引言”或“概述”两字之间空两字距离,正文一级标题排版格式要求:用小三号黑体字居中书写,标编序号与标题名称间空一字距离,段前和段后各1行)

(一)(空半字距离)×××(正文二级标题)×××

(正文二级标题排版格式要求:用四号黑体字顶格书写,段前和段后各1行,标题编号与标题名称之间空半字距离)

正文内容(正文内容排版格式要求:用小四号宋体字书写,行距为固定值22磅;首行缩进两字)

1.(空半字距离)×××(正文三级标题)×××

(正文三级标题排版格式要求:用小四号黑体字书写,缩进两字;段前和段后各0.5行;标题编号与标题名称之间空半字距离)

正文内容(正文内容排版格式要求:用小四号宋体字书写,行距为固定值22磅;首行缩进两字)

(1)(空半字距离)×××(正文四级标题)×××

(正文四级标题排版格式要求:用小四号宋体字书写,缩进两字;正文接后,小四号宋体字书写,行距为固定值22磅)

①(空半字距离)×××(正文五级标题)×××

(正文五级标题排版格式要求:用小四号宋体字书写,缩进两字;正文接后,小四号宋体字书写,行距为固定值22磅)

参　考　文　献

参考文献排版格式要求:

1.“参考文献”按一级标题要求书写,但不用标题编号,每字之间空一字距离;

2. 参考文献内容中的“中文字体”为小四号宋体,“西文字体”为小四号 Times New Ro-

man;标点符号及英文字母必须在英文状态下输入;行距为固定值 18 磅;参考文献首行顶格书写序号与后面内容之间要空一格,文字换行时与作者名第一个字对齐。

3. 参考文献按国家标准《文后参考文献著录规则》(GB/T 7714—2005)进行撰写。

常见参考文献著录格式举例如下:

① 期刊中析出的著录格式:[序号](空一字间距)主要责任者.文献题名[J].刊名,出版年份,卷号(期号):起止页码.

[1] 王海粟.浅议会计信息披露模式[J].财政研究,2004,20(11):56—58.

[2] Des Marais D J, Strauss H, Summons R E, et al. Carbon isotope evidence for the stepwise oxidation of the Proterozoic environment [J]. Nature, 1992, 359:605—609.

② 专著著录格式:[序号](空一字间距)主要责任者.书名[M].版本项(第一版不注),出版地:出版社,出版年份:起止页码.

普通图书著录格式举例:

[3] 唐绪军.报业经济与报业经营[M].北京:新华出版社,1999:117—121.

专著中的析出文献著录格式举例:

[4] 盛炜彤.我国人工林的地力衰退及防治对策[M]//中国林学会森林生态分会,杉木人工林集约栽培研究专题组.人工林地力衰退研究.北京:中国科学技术出版社,1992:15—19.

③ 译著著录格式:[序号](空一字间距)作者.书名[M].译者,译.版本项(第一版不注),出版地:出版社,出版年份:起止页码.

[5] Trehane P, Brickell C D, Baum B R.国际栽培植物命名法规(1995)[M].向其柏,臧德奎,译.第六版.北京:中国林业出版社,2004:100—120.

④ 会议论文集著录格式:[序号](空一字间距)主要责任者.文献题名[A].见(英文用In):主编.论文集名[C].出版地:出版者,出版年:起止页码.

[6] 张佐光,张晓宏,仲伟虹,等.多相混杂纤维复合材料拉伸行为分析[A].见:张为民编.第九届全国复合材料学术会议论文集(下册)[C].北京:世界图书出版公司,1996:410—416.

⑤ 报纸文章著录格式:[序号](空一字间距)主要责任者.文献题名[N].报纸名,出版日期(版次).

[7] 丁文祥.数字革命与竞争国际化[N].中国青年报,2000-11-20(15).

⑥ 学位论文著录格式:[序号](空一字间距)主要责任者.文献题名[D].保存地:保存单位,年份.

[8] 金宏.导航系统的精度及容错性能的研究[D].北京:北京航空航天大学自动化

系,1998.

⑦ 报告著录格式:[序号](空一字间距)主要责任.文献题名[R].报告地:报告会主办单位,年份.

[9] 冯西桥.核反应堆压力容器的 LBB 分析[R].北京:清华大学核能技术设计研究院,1997.

⑧ 国际、国家标准著录格式:[序号](空一字间距)标准代号,标准名称[S].出版地:出版者,出版年.

[10] GB/T 16159—1996,汉语拼音正词法基本规则[S].北京:中国标准出版社,1996.

⑨ 专利文献著录格式:[序号](空一字间距)专利所有者.专利题名[P].专利国别:专利号,发布日期.

[11] 姜锡洲.一种温热外敷药制备方案[P].中国专利:881056078, 1983-08-12.

⑩ 电子文献著录格式:[序号](空一字间距)主要责任者.电子文献题名[文献类型/载体类型].发表或更新的日期/引用日期(任选).电子文献的出处或可获得地址.

[12] 萧钰.出版业信息化迈入快车道[EB/OL].(2001-12-19)[2002-04-15]. http://www.creader.com/news/20011219/200112190019.html.

附录 2　关于青年群体微信购物情况的调查报告

（选自：余爽.关于青年群体微信购物情况的调查报告[J].数字传媒研究.2019，36(6)：17—23.)

【摘要】　截至 2016 年 12 月,中国网民规模达 7.31 亿,我国手机网民规模达 6.95 亿,网民手机上网比例得到进一步增长;截至 2017 年 6 月,仅半年时间,我国网民使用手机上网规模较 2016 年底增加了 2 830 万人,网民使用移动平台上网比例增长至 96.3%,移动支付方式的普及以及移动支付用户规模的不断扩大推动电商平台逐渐向移动端转移,手机微信购物成为移动终端购物的重要方式。

【关键词】　微信　购物　青年群体

一、调查背景

来自企鹅智酷网络调研和中国信息通信研究院产业与规划研究所电话调研的 2016 版《微信数据化报告》显示,超过 90% 的用户每天都会使用微信,并且有 50% 的用户每天使用微信时长在 1 小时以上。促成用户微信分享的三要素主要在于价值、趣味和感动,其中,微信红包与转账功能在微信支付中的渗透率最高,近七成用户每月支付或者转账的额度在 100 元以上;超过六成的微信用户使用过微信生活服务,其中,手机充值、买电影票和吃喝玩乐的消费渗透率最高。腾讯发布的《2017 微信数据报告》显示,在微信开放平台中,微信公众号的月活跃账号为 350 万个,同比增长 14%;月活跃粉丝为 7.97 亿人,同比增长 19%。在微信支付方面,月社交支付次数同比增长 23%。微信小程序已覆盖 200 多个细分领域,其中电商平台和生活服务等访问人数较为可观。

本次调查对当下青年群体的微信购物情况进行了分析,挖掘其存在的问题并尝试提出对策性思路。

二、调查对象及调查方法

本次调查主要针对年龄在 18—35 岁,并且有过微信购物经历的青年群体进行调查,调查中所涉及的微信购物包括各种类型的微信买卖、微店经营、海内外代购等微信朋友圈出现的一切微信购物方式。

本次调查主要采取了文献检索、问卷调查等方法,采取随机抽样,主要通过微信、QQ 等社交软件、论坛和在线问卷平台投放问卷,调研期间回收问卷 205 份,剔除没有过微信购物经历的无效问卷 93 份以及年龄不符的无效问卷 6 份,最终回收有效问卷 106 份。

三、调查结果分析

1. 微信购物消费者多为女性群体。

如图 1 所示,在调查的 106 份有效问卷中,有 83 位女性之前有过微信购物经历,占样本总数的 78.3%;有 23 位男性之前有过微信购物经历,占样本总数的 21.7%。可见,调查显示微信购物的消费者以女性群体居多。

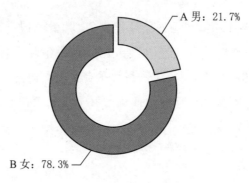

图 1　微信购物消费者性别群体

2. 人们对当下兴起的微信朋友圈购物大多持积极态度。

如图 2 所示,在调查的 106 份有效问卷中,有 57 人对当下兴起的微信朋友圈购物持积极态度,认为其以后还会有较大的发展空间,占样本总数的 53.77%;另有 49 人对此持消极态度,不看好其未来发展前景,占样本总数的 46.23%。可见,多数被调查者对微信购物所持态度较为积极。为了对该问题作进一步探讨,本文对问卷的第 7 题(对于当下兴起的微信朋友圈购物,您所持态度)以及第 20 题(如果您有过不愉快的微信购物经历,是否会继续选择这种购物方式)进行了交叉分析,以了解消费者购物心态对其消费行为的影响。

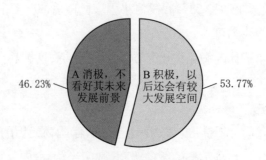

图 2　对微信朋友圈购物所持态度

如表 1 所示,调查可见,对微信购物未来发展呈现积极态度的群体,有 77.19% 表示如果有过不愉快的微信购物经历,会继续选择这种购物方式;对微信购物持消极态度的群体,如果之前有过不愉快的微信购物经历,只有42.86％的人会继续选择微信购物的方式,而这部分群体中比例达57.14％的大多数人,不会继续选择微信购物的方式。可见,人们对微信购物的态度对其未来购物行为的选择影响较大;对微信购物未来发展持积极态度的群体,少数不愉快的微信购物经历基本不会对其未来微信购物的选择产生太大影响;而对此持消极态度的群体,如果之前有过不愉快的微信购物经历则大多不会继续采取这种方式,转而选择其他方式购物。

表1　消费者购物心态与消费行为

X\Y	A　会	B　不会	小计
A. 积极,以后还会有较大发展空间	44(77.19％)	13(22.81％)	57
B. 消极,不看好其未来发展前景	21(42.86％)	28(57.14％)	49

3. 人们对于微信购物消费态度较为谨慎,大多数人每月微信购物消费金额在500元以下。

如图3所示,在调查的106份有效问卷中,有92人微信购物的月均消费金额在500元以下,占样本总数的86.79％;少数人的消费金额在500—3 000元,占样本总数的13.21％,消费在3 000元以上的比例为0。

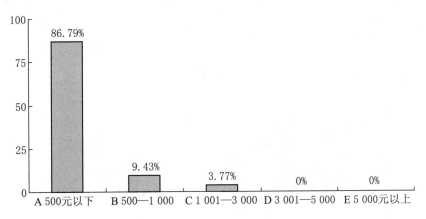

图3　微信购物月均消费金额

如图4所示,通过对问卷第3题(您每月的可支配收入)与第8题(您平均每月在微信朋友圈购物所花费的金额大约为)进行交叉分析发现,不论人们的月均可支配收入处于哪一区间,人们月均花费于微信购物的金额大部分在500元以下,可见,人们的月均可支配收入与个人的微信购物月均消费不存在太大关系。对于新兴的微信购物,大多数人态度较为谨慎,暂不会对此投入过多金额。

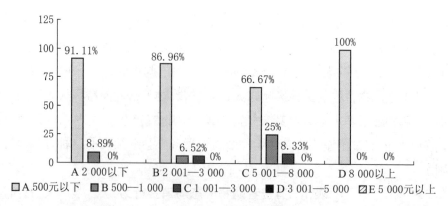

图4　月均可支配收入与月均微信购物消费关系

4. 微信购物消费内容多为生活需求类产品。

如图5所示,男性在微信平台的购物内容主要为食品(占52.17%),服装、鞋帽、饰品(占43.48%)、化妆品及护肤品(占26.09%);女性在微信平台的购物内容主要为化妆品及护肤品(占69.88%),服装、鞋帽、饰品(占48.19%),食品(占39.76%)。可见,不论男女,人们在微信平台的消费内容主要集中在服装、鞋帽、饰品,化妆品及护肤品,食品三类,对于母婴用品以及电子产品的消费比例较低。由于当下微信购物发展还不够成熟,消费者存在一定的维权困境,为规避风险,人们大多倾向于选择价格适中、种类繁多,实用性强的生活需求类产品作为购买对象;对质量与安全性要求较高且真假难辨的母婴用品,以及价格相对较高的电子产品持观望态度。

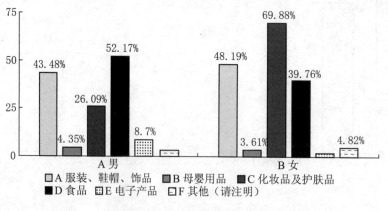

图5　微信购物消费内容

5. 海外代购更受消费者青睐,购物原因在于朋友推荐,信任度高。

如图6所示,在调查的106份有效问卷中,73人选择了海外代购,占比68.87%,消费者选择自己朋友圈的代购,而不是直接在电商平台购买。结合表2可以看出,调查对象选择海外代购的原因主要在于朋友推荐,信任度高,占比86.30%;其次是节省购物时间(占比 35.62%)与价格相对低廉(占比 31.51%);选择国内产品的原因也主要在于朋友推荐,信任度高(占比 75.76%),节省购物时间(占比 36.36%)与价格相对低廉(36.36%)这三项。可见,微信购物作为一种熟人社交,出于朋友推荐的信任度对消费者的消费动机影响较大;另外,购物时间以及商品价格也是影响消费者购买行为的重要因素。

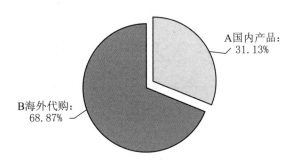

A国内产品:31.13%

B海外代购:68.87%

图 6　商品购买渠道

表 2　购买渠道及其有关原因

X\Y	A 价格相对低廉	B 节省购物时间	C 出于朋友推荐,信任度高	D 碍于面子,给朋友捧场	E 款式新颖时髦	F 质量较好	小计
A. 国内产品	12(36.36%)	12(36.36%)	25(75.76%)	6(18.18%)	3(9.09%)	2(6.06%)	33
B. 海外代购	23(31.51%)	26(35.62%)	63(86.30%)	7(9.59%)	9(12.33%)	10(13.70%)	73

6. 微信购物最受关心的是商品质量,最为担忧的是商品与店家描述严重不符。

如表 3 所示,被调查者根据关心程度对表格中 5 项因素排序后可以得出,平均综合得分最高的是质量,为 4.69,往后依次是价格、品牌、服务态度、商品新颖度,平均综合得分分别是 3.44、2.95、2.16、1.75;表 4 五项因素根据担忧程度排序,平均综合得分最高的是商品与店家描述严重不符,为 4.45,往后依次是支付方式没有保障、价格买高了、售后服务太差、商品等待时间过久,平均综合得分分别是 2.79、2.78、2.54、2.43。

表 3　微信购物所关心方面的重要程度

选　项	平均综合得分	比　例
A. 质量	4.69	
B. 价格	3.44	
C. 品牌	2.95	
D. 服务态度	2.16	
E. 商品新颖度	1.75	

表4　微信购物所担忧方面的重要程度

选　　项	平均综合得分	比　　例
A. 商品与店家描述严重不符	4.45	
E. 支付方式没有保障	2.79	
C. 价格买高了	2.78	
D. 售后服务太差	2.54	
B. 商品等待时间过久	2.43	

　　可见,消费者对于微信购物,最终还是看重商品的质量,当然,价格也是重要因素;作为一种线上购物模式,消费者依然担心微信购物存在商品与店家描述严重不符的情况,同时,微信购物支付方式的保障问题也是消费者担忧的重要方面。

　　7. 商品未达到期望值时,商家的处理态度。

　　如图7所示,在调查的106份有效问卷中,多数商家如有质量问题可以退换货,占比44.34%;部分商家同意换货,但不同意退货,占比21.7%;仅有少部分商家同意7天无理由退换货,仅占比15.09%;另有部分商家一经售出,概不退换,占比18.87%。对于商品未达到期望值时,商家的处理态度如表5所示,在对有过不愉快经历的30位消费者中,当顾客收到商品与店家描述严重不符时,有6位商家同意换货,但不同意退货,占比42.86%;"如有质量问题可以退换货"以及"一经售出,概不退换"的商家各占28.57%,能够进行"7天无理由退换货"的商家为0;对于价格买高了,可以进行"7天无理由退换货"以及"同意换货,但不同意退货"各占12.5%,另有25%的商家一经售出,概不退换。可见,多数微信购物难以像其他电竞平台享受7天无理由退换货服务,鉴于当下微信购物发展还不成熟,相关法律法规还不完善,许多消费者如通过微信购买到不合适的商品,难以维权,只能吃哑巴亏;更有商家贴出"一经售出,概不退款"的霸王条款,使得消费者的权益难以得到保障。

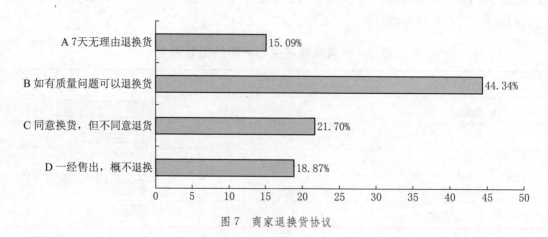

图7　商家退换货协议

表5　商品未达到期望值时,商家的处理态度

X\Y	A 7天无理由退换货	B 如有质量问题可以退换货	C 同意换货,但不同意退货	D 一经售出,概不退换	小计
A. 商品与店家描述严重不符	0(0.00%)	4(28.57%)	6(42.86%)	4(28.57%)	14
B. 商品到货等待时间过久	1(50.00%)	1(50.00%)	0(0.00%)	0(0.00%)	2
C. 价格买高了	1(12.50%)	4(50.00%)	1(12.50%)	2(25.00%)	8
D. 售后服务太差	0(0.00%)	4(100.00%)	0(0.00%)	0(0.00%)	4
E. 其他(请注明)	0(0.00%)	1(50.00%)	0(0.00%)	1(50.00%)	2

8. 消费者维权意识不足,多数选择与店家协商处理。

针对第16题(您对《消费者权益保护法》有所了解吗)与第15题(对于微信朋友圈购物,如果遇到消费纠纷,您会第一时间选择)进行交叉分析:首先,仅有23位被调查者对《消费者权益保护法》知道并有所了解,占比21.7%;有81人对其听说过,不太了解,占比高达76.42%;另有2人从未听说过《消费者权益保护法》,占比1.89%。可见,多数消费者自身的法律意识不足。

如图8所示,对《消费者权益保护法》知道且有所了解的被调查者中,如果在微信购物时遇到消费纠纷,有19位选择直接与店家协商处理,占比82.61%;选择投诉与放弃维权的各占8.7%;对此听说过,但不太了解的被调查者中,直接与店家协商处理的比例达79.01%,另有17.28%的人放弃维权,选择投诉的人仅占比3.7%;对于从未听说过《消费者权益保护法》的被调查者,选择直接与店家协商处理以及放弃维权的比例各占50%。"直接与店家协商处理"是大多数消费者会采取的方式,对于当下兴起的微信购物,消费者的维权意识还有待进一步提高。

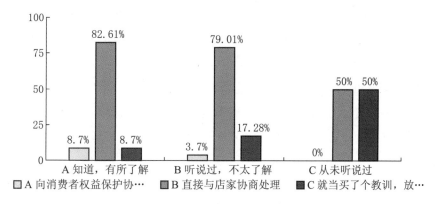

图8　消费者维权意识有关问题

9. 多数消费者对目前的微信购物大体上较为满意。

如图 9 所示,在调查的 106 份有效问卷中,有 81 人对目前的微信朋友圈购物经历大体上较为满意,占样本总人数的 76.42%;有 10 人对之前的购物经历非常满意,占样本总人数的 9.43%;仅有 14.15% 的被调查者对之前的微信购物经历大体上不太满意;另外,在调查中目前还不存在对微信购物完全不满意的消费者。

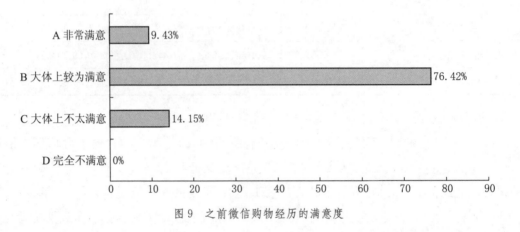

图 9　之前微信购物经历的满意度

总体来说,对于当下新兴的微信购物方式,人们基本上较为满意,微信购物在未来仍有较为广阔的发展前景。

四、当前微信购物存在的问题

1. 微信虚拟信息存在风险,卖方信息不明。

调查显示,人们在当下微信朋友圈购物的消费内容多为生活需求类商品,并且对微信购物的消费态度较为谨慎;在微信购物中,消费者最关心的仍是质量问题,最担忧的是商品与店家描述严重不符。微信购物这种新型的网购模式,具有较大的私密性与特殊性。消费者对微信商品的真实质量难以形成直观的了解,相比于其他电商平台,微信购物更像是一种线下朋友的线上交易;并且,许多微信店家没有评价机制、信用担保以及第三方交易平台的监管,更体现出微信平台相比于其他电商平台更强的虚拟性,微信购物也因此存在较大的风险。

2. 微信购物取证难,消费者维权成本过高。

目前微信购物的支付方式主要分为两种:一种是通过微信公众号或者 APP 收款;另一种是直接网银付款。当下许多真正的交易均在私下进行,这种朋友圈的私人交易属于法律没有明确规定的漏洞。

调查显示,如果遇到消费纠纷,大多数消费者会在第一时间选择直接与店家协商处理,或者直接放弃维权,仅有 4.72% 选择向消费者权益保护协会或者 12315 投诉。可见,消费者缺乏一定的维权意识,当然,这也从侧面反映出当下微信购物存在的有关问题。微信购物的许多经营者存在无实体店、无明确经营地址甚至无联系电话等问题,一旦发生消费纠纷,一些卖方直接将买方拉黑,买方则无法获取卖方真实有效的信息,微信消费取证难。另外,许多消费者的消费金额不高,然而想要通过法律途径维权,所花的时间、精力和金钱成本都较高;维权还需对证据进行及时地保护,以及公证处的公证,这些方面都无疑加大了消费者的维权成本。

五、未来发展建议

1. 消费者应提高维权意识与法律意识,明确自身的权利与义务。

首先,消费者作为买方应该提高警惕,从有资质的经营者处购买商品,而非一味出于对朋友圈的信任;其次,消费者应尽量选择第三方平台进行支付,通过第三方平台担保减少自身损失。此外,对于在朋友圈的购买行为,应该及时保存好交易记录,保障自身的合法权益。当然,消费者还应对《消费者权益保护法》《合同法》等有关法律作及时了解,明确自身的权利与义务,及时运用法律手段保护自身的合法权益。

2. 加大对微信平台的内部监管力度。

有关法律规定,网络交易平台提供商对商品或者服务的真实性、合法性具有严格审查的义务,并且当消费者通过网络购物导致合法权益受到损害时可以向网络经营者要求赔偿。虽然目前微信官方已出台诸如关键词过滤、追踪图片出处等技术手段,以及用户举报核实后采取的封号、封设备等方式,但仍难以从根本上规范当下的微信购物环境。腾讯作为微信平台的提供者,需要对微信交易行为进行有效规范,对微信购物作出一定保障,使之呈现出健康有序的运行状态。

3. 保障消费者的合法权益。

可以参照国外电子商务立法的有关经验,制定类似《电子商务法》等有关法律法规,全面规范和统一电子商务的操作流程,对微信购物等网络购物中消费者的合法权益加以切实保障。同时,应针对当下微信购物存在的取证难、维权成本高以及卖方信息不明确等有关问题,明确相关法律的责任主体和管辖范围,制定具体可行的法律法规,进而从多方面规范微信购物环境,保障消费者的合法权益。

附录3 "运动营养食品"调查报告

(选自:武阳阳."运动营养食品"调查报告[J].食品安全导刊.2017,12:60—61.)

近年来,国家越来越重视人们的营养健康状况,自2016年发布《"健康中国2030"规划纲要》以来,我国又相继发布《国民营养计划(2017—2030年)》及《全民健身指南》等。随着百姓生活水平的提高,以及国家各项纲要、计划等的发布,人们也越来越注重自己的生活品质及健康状况,开始积极投身于体育运动,并迅速掀起了"全民健身"的热潮。正所谓"三分练,七分吃",可以说体育锻炼与营养的关系十分密切,营养补充对锻炼效果也有着显著影响。运动造成的能量消耗需要在运动结束后通过合理的营养膳食得到相应的补充,如果运动后缺乏合理的营养保证,即消耗得不到补充,人体容易处于一种营养"亏损"状态。为了解人们对运动营养及运动营养食品的认知,本文针对消费者"运动营养/营养食品"认知状况进行了调查,文中对此次调查的结果进行了简要分析。

消费者关于"运动营养/营养食品"认知的调查发布后,吸引大量热爱运动、关注运动营养食品人士的参与。此次调查主要涉及4个问题,截至目前,已有1 129人参与了这项调查,且数据全部真实有效。

问题一:人们每周专门用于运动的时间有多少?

调查统计结果如图1所示。

国家体育总局于2017年8月10日发布的《全民健身指南》指出,人们每次进行体育健身活动的时间直接影响体育健身的效果。运动时间过短,提高身体机能的效果甚微;而运动时间过长则容易造成疲劳累积,且不会进一步增加健身效果。对于经常参加体育锻炼的人,每天有效的体育健身活动时间为30—90分钟。有体育健身习惯的人每周应运动3—7天,每天应进行30—60分钟的中等强度运动,或20—25分钟的大强度运动。为取得理想的体育健身效果,人们应每周进行150分钟以上的中等强度运动或75分钟以上的大强度运动;有良好运动习惯且运动能力测试综合评价为良好以上的人,每周可进行300分钟的中等强度运动或150分钟的大强度运动,这样健身效果更佳。

由图1可以看出,大部分调查参与者都具有良好的运动健身习惯,但由于此次调查未涉及参与者的运动强度及具体运动时间,因此,无法得出具体结论。针对这一问题,后期本刊记者将继续跟踪调查。

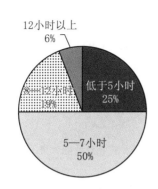 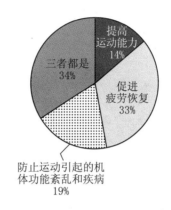

图1 每周专门用于运动的时间　　　图2 运动营养食品应该具备的功能

问题二：人们认为运动营养食品应该具备哪些功能？

该问题的调查结果如图2所示。

从图2可以看出，大部分(66％)调查参与者对运动营养食品并没有十分全面的认知。实际上，运动营养食品是指为满足运动人群(每周参与体育锻炼3次以上、每次持续时间30分钟以上、每次运动强度达中等以上的人群)生理代谢状态、运动能力及对某些营养成分的特殊需求而专门加工的食品。目前，运动营养品应用最广泛的领域是健美和力量举重方面，但在其他项目中，运动营养食品的优点也正逐渐为人们所认知。

根据《食品安全国家标准运动营养食品通则》(GB 24154—2015)，不同种类运动营养食品应该具备不同功能。例如，用于补充能量的运动营养食品应具备可快速或持续提供能量的功能；补充蛋白质类的食品应满足机体组织生长和修复的需求；运动后恢复类食品则应能够满足中、高强度或长时间运动需要恢复的人群使用等。有资料显示，大部分运动营养食品在满足运动者的特定需求外，还应同时具备提高运动能力、促进疲劳恢复、防止运动引起机体功能紊乱和疾病的功能，而根据图2所示仅有34％的参与者选择了该选项。

问题三：人们了解的运动营养食品品牌有哪些？

关于这个问题读者们可以从图3中找到答案。

由图3可知，对于所提供的运动营养食品品牌，了解人数最多的当属汤臣倍健，其所占比例为37％；紧随其后的是康恩贝，所占比例为29％；排在第三名的是康比特，然后依次是康富来、自然之宝……此次调查反映出普通大众对运动营养食品了解的部分现状。但由于不同品牌所针对的消费群体不同，而此次调查并没有很好的针对性，调查结果或许与市场的真实情况有一定出入。

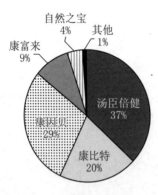

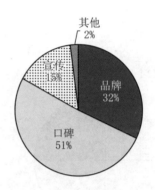

图 3　运动营养食品品牌　　　　图 4　购买运动营养食品时看重的因素

问题四:也是此次调查的最后一个问题,即消费者在购买运动营养食品时更看重哪些因素?

关于这个问题的调查统计结果见图 4。

实际上,图 4 的调查结果不仅适用于运动营养食品,也适用于其他大部分食品企业。图 4 显示,有超过一半(51％)的参与者在购买运动营养食品时更看重产品的口碑。口碑被排在第一位并不难理解,因为口碑是消费者对产品和品牌评价的总称。口碑好,就应了那句古话——酒香不怕巷子深;而口碑不好,可能就是企业销售走下坡路的一个前奏。产品品牌位居第二,一个企业要想成功仅仅建立好的口碑还不够,树立良好的企业形象、打造出属于自己的品牌也尤为重要。第三则是宣传,其核心是通过媒介树立企业形象,通过多方努力让企业有一个好的口碑,以支持品牌长期发展。消费者只有知道甚至了解某款产品,才有可能决定购买,因此笔者认为企业应该加大对自身产品、品牌的宣传力度,拓宽宣传渠道,完善售后服务。总之,口碑、品牌和宣传这三者是相辅相成的,只有同时完善,企业才有可能获得成功。

附录4 2016年食品标签调研报告

（选自：Food Labels Survey-2016 Nationally-Representative Phone Survey）

2016年2月，美国消费研究中心（Consufiler Reports National Research Center）在全国范围内开展了一项电话调查，目的是收集美国消费者对于食品标签的意见。位于新泽西州普林斯顿的民意研究机构——美国欧维希公司（Opinion Research Corporation，ORC）在全国范围内通过电话任意拨号的方式选出1 001名受访者，其中一半为女性。调查得出的数据进行加权分析，从而使调查对象在人口和地理分布上均具有全国代表性。

一、消费者的食品购买行为

1. 倾向于购买纯天然食品而不是有机食品。

倾向购买纯天然食品的消费者所占的比重为73%，大于倾向于购买有机食品的消费者所占的58%。当被问到两种食品的价格时，67%的消费者认为有机食品的价格高于纯天然食品。有趣的是，有$\frac{1}{4}$的消费者认为两种食品的价格相差甚微，甚至几乎没有区别。

2. 愿意购买在良好工作环境下生产出来的水果和蔬菜。

79%的消费者愿意以较高的价格购买农场工人在良好的工作环境下生产出来的水果和蔬菜。通常在这样的环境中，工人可以拿到足够令其谋生的工资，享受公平的待遇。

3. 常常依赖标签来选购加工类食品。

绝大多数消费者会阅读加工类食品包装和标签上的内容，并据此决定是否购买，其中79%的消费者会看营养成分表，77%的消费者会阅读食品成分表，而68%的消费者则更关注包装正面的信息。

二、食品标签和安全标准

1. 相信GRAS标准意味着食品成分是安全的。

目前食品企业将新成分推入市场主要是通过GRAS认证体系，GRAS标准（美国食药局FDA评价食品添加剂的安全性指标）代表着一般意义上公认的食品安全。认为GRAS标准代表FDA已经对食品成分进行评估并确认其安全的消费者占77%，认为FDA会对新成分的安全性和使用进行追踪调查的消费者占66%，但事实上这些评估和追踪调查并不存在。

在 71％的消费者看来,GRAS 意味着食品企业使用的成分是安全的,这一点毫无疑问。

2. 希望食品企业使用统一的美国农业部标准。

USDA 有机认证是由美国农业部负责的全美国最高级别的有机认证,从原材料到生产过程均严格把关,保证所认证的产品没有任何危害人体的成分,100％有益。取得 USDA 标志的前提是,该食品必须 100％为有机成分。

当消费者知道美国农业部常常允许生产企业为肉类食品设定自己的标准时,他们中的绝大多数(占 94％)提出,所有的食品企业都应该在肉类食品上遵循同样的标准,并在标签中体现,而不是自行设定相关标准。

3. 希望对有机食品提高标准。

很多消费者认为对标签中标注"有机"字样的鱼类产品,联邦标准应保证鱼类为百分百有机饲养(占 87％),不可使用抗生素类或其他类药物(占 82％),不能在饲料或鱼产品中添加色素(占 80％)。七成消费者认为美国农业部不应该允许在有机食品生产中使用含非有机成分的材料,如果这些成分并不是十分必要。

4. 希望了解食物来源的有关信息。

绝大多数的消费者都希望肉、家禽、鱼、农产品的标签上体现产品的原产国(占 87％)或原产州(占 74％)信息。93％的消费者想在标签中了解动物在哪里出生和长大,以及在哪里被宰杀。相当多的消费者(占 33％)希望在食品上看到对此类内容的要求更加严格的标签。如果某种动物在其他国家出生或长大,那消费者可能就会认为源自该动物的食物是该国产品。

在被问到除美国以外的其他国家是否有权利对在美销售食品的标签信息提出异议时,消费者产生了分歧。几乎一半(占 45％)的消费者不同意最近国会做出的撤销牛肉和猪肉食品标签上必须标注动物的出生、成长和宰杀国的决议;$\frac{1}{4}$ 的消费者对该决议表示赞同,29％对此不发表意见。

5. 希望对动物成长过程中使用药物的肉类产品设立标准。

很多消费者称,经常给健康的动物喂食抗生素或其他药物可能是由于动物身处一种拥挤且卫生堪忧的环境中。68％的消费者对此十分关注,且 65％的消费者认为这样的条件可能滋生出大量抗生素也束手无策的新细菌,认为这会导致环境污染的消费者占 53％,认为这种做法是为促进动物生长的消费者占 51％。

当消费者看到食品标签中标有"不使用抗生素"类字眼时,他们中的一半会认为该动物没有被喂食任何抗生素类药物,而这也是事实;但 $\frac{1}{4}$ 看到类似标签的消费者则会错误地认为该动物既没有喂食过任何抗生素,也没有喂食过其他药物。

大多数(84%)消费者希望政府对肉类食品标签出台规定,如那些来自经常喂食抗生素的健康动物的肉产品标签中应注明"曾使用抗生素"等字眼。绝大多数(88%)消费者认为,源自饲养过程中使用过激素或莱克多巴胺的动物的肉食品,同样应在标签中予以标注。还有87%的消费者称,动物不应该被喂食激素或莱克多巴胺或其他促进动物生长的药物。

6. 希望政府对转基因食品出台联邦安全和与标签相关的强有力政策。

84%的消费者称转基因食品应贴I相应的标签(86%),或符合政府的安全标准才能在市场销售(84%)。要求政府强制在转基因三文鱼产品标签中进行标注的消费者占93%,如果三文鱼标签不标注是否是转基因食品,过半数的消费者(53%)表示可能不会购买。

7. 对贴有"纯吃草"标签的肉类产品期望很高。

对于贴有"纯吃草"标签的肉类产品,69%的消费者认为这意味着动物主要是吃草长大,66%的消费者认为动物在其整个生命过程中只吃草,60%认为动物在牧草生长季以草为生,但其他时候则吃谷物,58%还认为这代表着动物不会被经常喂食抗生素和激素类的药物。六成消费者提出:如果动物的饮食不是百分百由草构成,那么企业应该对此做出声明。

8. 无法理解"无硝酸盐"标签。

很多消费者表示无法理解"无硝酸盐"标签,近三分之二的消费者认为"无硝酸盐"意味着食品完全,不含硝酸盐,不管是人为添加的还是天然拥有的,但事实并非如此。根据世界卫生组织的结论,一些加工过的肉类会增加人类罹患癌症的风险。但只有三分之二的消费者对此有所了解,另外三分之一的消费者并不知晓。

9. 希望果糖标签标注原产地。

近八成消费者希望果糖标签上能标注其来源。当被问到果糖的原材料时,选择高果糖玉米糖浆的消费者占76%,选择甘蔗或甜菜的占66%,选择水果的占53%。

10. 希望政府为"公平交易"标签制定更严格的标准。

消费者对贴有"公平交易"标签的食品看法不一。认为该类产品涉及的农场工人能够拿到一份可观的工资收入的消费者占61%,认为农场工人拥有健康的工作环境的消费者也占有相同的比例,一般消费者认为这类食品是由小规模农户生产加工而成,43%的消费者认为此类食品不会使用有毒农药。

附录 5　黑豆营养饼干生产工艺的研究

（选自高雪琴，邓遵义，邱东霞等.黑豆营养饼干生产工艺的研究[J].粮食加工.2011，36（1）：48—51.）

　　黑豆为豆科植物大豆的黑色种子，又名黑小豆、马料豆或乌豆。我国黑豆资源丰富，全国各地均有生产，尤其东北、华北和西北等地有广泛种植，约占全国大豆栽培面积的 13.2%。黑豆具有高蛋白、低热量的特性，其蛋白质含量高达 36%—40%，高于其他豆类，而且富含 18 种氨基酸，特别是人体必需的 8 种氨基酸，比美国 FDA 规定的高蛋白质标准还高。此外，黑豆还含有多种丰富的营养素，独特的生物活性物质和微量元素，具有健身滋补、乌发、清脑明目、扶正防病、延年益寿等作用。近年来，黑豆正以其独特的营养特性和功能特点。在改善人类饮食结构中发挥重大的作用。

　　饼干制品在我国历史悠久，食用非常普遍，是除面包外生产规模最大的焙烤食品，因其加工工艺不同，其质地、口感、产品风味各不相同。饼干除了充饥外，更多的是作为一种休闲食品，以满足人们追求多风味、多口味、营养保健的需要。本文在饼干的制作过程中添加黑豆粉，开发出集美味、营养、保健于一体的新型饼干。

一、材料与方法

　　1. 原料的选择。

　　黑豆原料选择成熟、饱满、优质、无杂、无虫、无霉变、乌皮黄仁的小黑豆。

　　其他原料：面粉（饼干专用粉）、黄油（市售）、绵白糖、植物油、奶粉、鸡蛋、香精、小苏打。

　　2. 仪器设备。

　　烤箱：RONGJI；粉碎机：9FZ-160；冰箱：BCD-l96KDA；标准筛：100 目；电子秤：15 kg；托盘天平（500 g）；烤盘，模具，操作台，走槌，面盆，油刷。

　　3. 试验方法。

　　（1）黑豆粉的制备。黑豆粉的制备：黑豆—除杂—清洗—浸泡—干燥—粉碎—过筛—清除细小杂质—黑豆粉。

　　（2）黑豆饼干的工艺流程和配方确定。

　　黑豆饼干工艺流程见图 1。采用单因素实验和正交实验，确定黑豆营养饼干的最佳工艺配方。

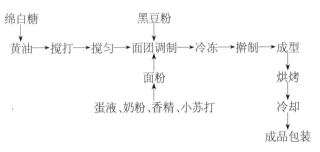

图 1 工艺流程图

(3) 饼干质量评分方法和标准。将制好的样品待晾凉后分开放入盘子中,由品尝小组(由 5—6 个有经验的固定的人组成)按表 1 内容逐次打分。饼干评分项目及分数分配如表 1,总分为 100 分,分项测评后汇总。

表 1　饼干评分标准　　　　（总分 100 分）

项　目	满分	评　分　标　准
色　泽	20	色泽均匀,鲜艳呈黄褐色,富有光泽,无焦糊现象,16—20 分; 色泽较差,基本均匀,焦糊现象不明显为 12—16 分; 色泽发暗,有不良色泽为 1—12 分
外观形状	20	外形完整,表面整齐,厚薄均匀,不收缩,不变形,不起泡,无较大或较多凹底为 16—20 分; 表面不整齐,有少量气泡,厚薄基本均匀变形不大为 12—16 分; 表面不完整,不整齐,有气泡,变形严重为 1—12
组织结构	20	组织细腻,有细密而均匀的小气孔,用手掰,易折断,无杂质为 16—20 分; 组织粗糙,稍有污点为 12—16 分; 组织较差有较大孔洞为 1—12 分
口　感	20	口感酥松,不粘牙为 16—20 分; 口感一般为 12—16 分; 不酥松,粘牙为 1—12 分
气味滋味	20	香味纯正,甜味可口,有黑豆特有的风味为 16—20 分; 滋味一般为 12—16 分; 滋味较差为 1—12 分

二、结果与分析

1. 单因素试验。

(1) 黑豆粉的不同加入量对饼干的影响。黑豆粉的添加量决定了饼干的质量。黑豆粉加入量过多会使制品的外观形状及色泽受到影响,同时饼干易变形;黑豆粉加入过少,则饼干的风味和色泽达不到要求,并且产品的营养作用得不到保证。以 20、30、40、50 g(面粉与黑豆粉总量为 100 g)四组加入量进行试验,结果见表 2。

表2 不同黑豆粉的加入量对饼干的影响

品质指标	添加量（g）			
	20	30	40	50
色　泽	13	15	18	17
外观形状	15	16	17	14
组织结构	13	16	19	18
口　感	14	16	18	16
气味滋味	12	14	18	17
品尝得分	69	77	90	82

由表2可以看出添加20 g的黑豆粉,制品的色泽,质感及气味滋味较差;而加入50 g的黑豆粉,虽然色泽、口感、气味滋味很好,但外观形状较差,比较结果,加入40 g的黑豆粉效果最好。

（2）不同黄油添加量对饼干的影响。油脂不仅能限制面筋的形成,而且对淀粉颗粒的黏连和糊化有一定的限制作用,从而使制品具有酥松的结构。黄油量的加入对饼干质量的影响很大,当黄油加入少时,会造成产品严重变形,口感硬;当黄油加入过多时能助长饼干疏松起发,外观平滑光亮,口感酥脆（以40 g黑豆粉、60 g面粉为基本配方,以下同）。分别以30 g、35 g、40 g、45 g添加量进行对比试验确定最佳用量,结果如表3所示。

表3 不同黄油用量对饼干的影响

品质指标	添加量（g）			
	30	35	40	45
色　泽	13	14	15	16
外观形状	14	16	17	18
组织结构	15	15	18	19
口　感	13	14	15	17
气味滋味	12	15	16	18
品尝得分	67	74	81	88

从表3可以看出,加入45 g的黄油,制出的成品比较酥松,组织结构好,同时口感,滋味也获得了满意的效果。

（3）不同苏打添加量对饼干质量的影响。分别以0.1 g、0.2 g、0.3 g、0.4 g四组添加量进行试验,结果见表4。由表4可知,添加0.2 g的小苏打,制出的成品口感酥松,无不良气味,且色泽较好,所以0.2 g的小苏打为最佳用量。

表4 不同小苏打添加量对饼干制品的影响

品质指标	添加量(g)			
	0.1	0.2	0.3	0.4
色　泽	16	18	15	14
外观形状	15	16	13	12
组织结构	14	19	12	13
口　感	15	18	14	12
气味滋味	18	17	13	13
品尝得分	78	88	67	61

（4）不同绵白糖用量对饼干质量的影响。分别以 30 g、38 g、46 g、52 g 不同添加量做试验,分析其对制品的影响,结果见表5。

表5 不同添加量的绵白糖对产品的影响

品质指标	添加量(g)			
	30	38	46	54
色　泽	12	12	18	16
外观形状	15	16	16	18
组织结构	14	15	19	14
口　感	15	16	18	17
气味滋味	13	14	17	18
品尝得分	69	73	88	83

糖的用量主要影响制品的质感、气味和滋味,不是越多越好,过多反而使其滋味不适合人的口味,过少则不能起到阻止面团起筋的作用,通过对比试验得出加入 46 g 的用糖量最佳。

2. 正交试验设计。

通过前面单因素试验,主要以黑豆粉,黄油,绵白糖,小苏打为因素指标,考虑它们对产品的综合影响,选定每一个因素最佳添加范围的 3 水平设计正交试验,因素水平见表6,实际处理及评价结果见表7。方差分析表结果见表8。

表6 因素水平表 $L_9(3^4)$ g

水平	因　素			
	黑豆粉 A	黄油 B	绵白糖 C	小苏打 D
1	35	42	34	0.1
2	40	50	40	0.2
3	45	58	46	0.3

表7　正交试验安排及结果分析

因素水平	黑豆粉(g)A	黄油(g)B	绵白糖(g)C	小苏打(g)D	品质测定					
					色泽	外观形状	组织结构	口感	气味滋味	综合评分
1	35	42	34	0.1	12	13	17	13	12	67
2	35	50	40	0.2	13	14	16	15	17	75
3	35	58	46	0.3	15	14	17	16	15	77
4	40	42	40	0.3	19	17	19	17	16	87
5	40	50	46	0.1	16	12	16	16	13	79
6	40	58	34	0.2	18	15	18	19	18	88
7	45	42	46	0.2	19	17	18	18	18	90
8	45	50	34	0.3	18	18	19	19	18	92
9	45	58	40	0.1	19	19	19	19	19	95
K_1	219	244	247	241						
K_2	254	246	257	253						
K_3	277	260	246	256						
R	58	16	11	15						
最优水平	A_3	B_3	C_2	D_3						
因素主次	A ＞	B ＞	D ＞	C						

表8　方差分析表

因素	偏差平方和	自由度	F比	F临界值	显著性
黑豆粉	568.667	2	23.054	9.000	*
黄油	50.667	2	2.054	9.000	
绵白糖	24.667	2	1.000	9.000	
小苏打	42.000	2	1.703	9.000	
误差	24.67	2			

通过对正交试验的结果分析,可以看出影响黑豆营养饼干的因素主次顺序为:A＞B＞D＞C,说明黑豆粉用量对黑豆饼干的影响最大,其次是黄油、小苏打,最后是绵白糖。由表7得到产品的最佳配方为 $A_3B_3C_2D_3$,即黑豆粉用量45 g、黄油用量58 g、绵白糖用量40 g、小苏打用量0.3 g。对结果进行方差分析(显著水平 $\alpha=0.1$),由表8可知,因素 A 的 F 值最显著,为4个因素中最重要的因素,C、D 对制品的影响很小,与极差分析及实际操作结果一致,因此可选择 $A_3B_3C_2D_3$ 为最优配方。

三、结论

通过单因素试验、正交试验及方差分析结果可知,黑豆营养饼干各种原料及膨松剂的最佳用量为:面粉 55 g,黄油 58 g,黑豆粉 45 g,绵白糖 40 g,小苏打 0.3 g。烘烤条件:面火170—180 ℃,底火 160—170 ℃,烘烤时间为 10—12 min。在此条件下制得的产品色、香、味、组织结构良好,具有黑豆饼干特有的风味。

(选自:宋家臻等.苦荞风味碧根果生产工艺研究[J].包装与食品机械.2016,34(6):23—28.)

碧根果[*Caryaill in oensis*(Wangenh.) K.Koch],原产于美国和墨西哥北部,是世界十大坚果之一,又名"长寿果""美国山核桃""长山核桃",含有丰富的脂肪、糖类、蛋白质、多种维生素和矿物质。研究表明,碧根果具有很高的抗氧化活性,含有大量的酚类和单宁。碧根果在加工过程中,能够保留原料中大部分的营养成分,是健康类休闲食品的典型代表,因此越来越受到广大消费者的喜爱。

苦荞麦(*Fagopyrum tataricum*(L.) Gaertn.),别名菠麦、乌麦、花荞等,属一年生草本植物,具有良好的保健功能和食疗价值,含有丰富的蛋白质、膳食纤维、维生素以及多酚等营养成分,是一种功能性食品原料。研究表明苦荞麦具有良好的抗氧化、抗肿瘤、抗疲劳、降血糖、降血压、降血脂以及保护心脑血管等生物生理功能。

尽管碧根果类产品市场容量巨大,但技术落后、加工机械性能不高、科技投入及成果转化不足、加工产业化体系尚未形成、加工方式单一、营养价值未能充分体现,严重地制约着碧根果产品的发展。此外,目前市场上绝大多数碧根果产品使用的调配液,都是添加各种香精香料调配而成,因此生产出来的碧根果口感较差。苦荞风味碧根果作为一种全新的产品,把苦荞麦的特有的香味融入碧根果之中,为消费者提供了一种自然清香、保健的全新理念的休闲坚果食品。

一、研究方法

1. 工艺流程。

苦荞麦浸出液提取参照肖诗明等研究方法略做修改:选取优质的苦荞麦100 g于75 ℃烘烤2 h,加入1 000 mL沸水中浸提2 h,滤出滤液,滤渣重复浸提3次,并合并滤液,用旋转蒸发仪浓缩至100 mL待用。

调配液(水、食盐、白砂糖、复合甜味剂、苦荞麦浸出液)→碧根果→筛选分级→清洗→均湿→开口→杀青→入味→吸附渗味→干燥→烘烤→冷却→包装→成品。

2. 操作要点。

(1) 碧根果清洗工艺。由于碧根果表面存在表皮未脱干净,且碧根果的果壳含水量较低,不容易后续开口,因此加工前必须进行清洗,一般的操作方法是先碱(NaOH 溶液)洗,再水洗。由于碱液会破坏碧根果果壳表面,影响碧根果外观以及之后的护色,因此使用碱液时,碱液浓度要严格控制。另外,清水清洗的时间以及搅拌的速度对结果也有一定影响。因此 NaOH 浓度、清水清洗次数、搅拌速度三方面来研究碧根果的清洗工艺。具体步骤如下:取 1 kg 的碧根果,加入 1 000 mL NaOH 溶液,用搅拌器搅拌清洗 15 min,再用 1 000 mL 水搅拌清洗 15 min,重复数次。

(2) 调味液配制工艺。取上述清洗好的碧根果 100 g,静置 4 h 后开口,125 ℃杀青 10 min,放入调味液(调味液为 100 g 水加若干其他配料)中入味 10 min,取出后再吸附渗味 8 h,并于 90 ℃干燥 6 h,120 ℃烘烤 15 min,对所有的产品进行评分。

(3) 碧根果干燥及烘烤工艺。将清洗、均湿后的碧根果开口、杀青,放入含有最佳配比调配液中入味 10 min,再吸附渗味 8 h 后进行干燥、烘烤,干燥时间及温度、烘烤时间及温度,均直接影响着碧根果的色、香、味等品质。

3. 碧根果清洗工艺优化。

(1) 最佳清洗工艺的单因素试验。NaOH 浓度选取的水平为 0、0.5%、1.0%、1.5%(质量比),清水清洗次数分别为 3、4、5、6、7、8 次,搅拌速度分别为低档(10 r/min)、中档(15 r/min)、高档(20 r/min)。

(2) 最佳清洗工艺的正交试验。在单因素试验的基础上采用 $L_9(3^3)$ 进行正交试验(如表 1 所示)。观察记录并评分,评分标准为总分 100 分,色泽满分 30 分,去污满分 70 分。得分为根据 10 人综合评定后取的平均值。

表 1 碧根果清洗试验因素水平表

因素/水平	A(碱液浓度/%)	B(清洗次数/次)	C(搅拌速度/档)
1	0	5	低
2	0.5	6	中
3	1.0	7	高

4. 调味液配比确定。

调味液以水、食盐、白砂糖、复合甜味剂、浸出液 5 种组成,从食盐、白砂糖、复合甜味剂、浸出液的添加量来研究调味液的配比,采用单因素与正交试验确定碧根果调味液的最佳配比(如表 2 所示),评分标准为满分 100 分,综合色香味考虑,并根据 10 人综合评定后取平均值所得。

(1) 调味液配比单因素试验。单因素条件为:食盐浓度为每 100 g 水中分别加入 6.0 g、6.5 g、7.0 g、7.5 g、8.0 g;白砂糖浓度为每 100 g 水中分别加入 9.0 g、9.5 g、10.0 g、10.5 g、11.0 g;复合甜味剂浓度为每 100 g 水中分别加入 0.20 g、0.25 g、0.30 g、0.35 g、0.40 g;苦

荞麦浸出液浓度为每 100 g 水中分别加入 0、5.0 g、10.0 g、15.0 g、20.0 g。

(2) 调味液配比正交试验。在单因素试验的基础上,进行正交试验,如表 2 所示。

表 2　调味液配比试验因素水平表　　　　　　　(g/100 g 水)

因素/水平	A(食盐浓度)	B(白砂糖浓度)	C(复合甜味剂浓度)	D(浸出液浓度)
1	7.0	9.5	0.3	10
2	7.5	10	0.35	15
3	8.0	10.5	0.4	20

5. 碧根果干燥及烘烤工艺优化。

(1) 碧根果干燥及烘烤单因素试验。单因素条件为:干燥时间分别为 5.0 h、5.5 h、6.0 h、6.5 h、7.0 h;干燥温度分别为 75 ℃、80 ℃、85 ℃、90 ℃、95 ℃;烘烤时间分别为 5 min、10 min、15 min、20 min、25 min;烘烤温度分别为 105 ℃、110 ℃、115 ℃、120 ℃、125 ℃。

(2) 碧根果干燥及烘烤正交试验。在单因素试验的基础上进行 $L_9(3^4)$ 正交试验(如表 3 所示)。评分标准为满分 100 分,综合色香味考虑,并根据 10 人综合评定后取平均值所得。

表 3　干燥、烘烤试验因素水平表

因素/水平	A(干燥时间/h)	B(干燥温度/℃)	C(烘烤时间/min)	D(烘烤温度/℃)
1	5.5	85	10	110
2	6.0	90	15	115
3	6.5	95	20	120

6. 数据分析。

试验数据表示为平均值±标准偏差,统计分析软件使用 Origin 8.5。

二、试验结果与分析

1. 碧根果清洗。

碧根果清洗结果如图 1 所示,其清洗效果随 NaOH 浓度的增加先升高后降低,随着清水清洗次数的增加先升高后趋于稳定,随着搅拌速度的升高而升高。由此确定正交试验中 NaOH 浓度为 0、0.5%、1.0%,清洗次数 5、6、7 次,搅拌速度为 10 r/min、15 r/min、20 r/min。

根据单因素试验结果,采用 $L_9(3^3)$ 正交试验并对结果进行数据分析,结果见表 4、表 5。由正交结果及方差分析表明,影响碧根果清洗效果各因素的关系是 C>B>A,其最佳组合条件是 $A_2B_3C_3$,即 NaOH 浓度为 0.5%,清水清洗次数 7 次,并高速水流搅拌。采用这种因素组合进行验证,评分结果为 85、86、88、87、88 分,均值为 86.8 分,σ 为 1.30,表明结果稳定可靠。

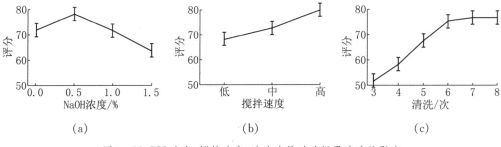

图1　NaOH浓度、搅拌速度、清洗次数对碧根果清洗的影响

表4　碧根果清洗试验正交试验方差分析

方差来源	Ⅲ型平方和	df	均方	F	显著性
碱液浓度	98.000	2	49.000	11.308	*
清洗次数	144.667	2	72.333	16.692	*
搅拌速率	140.667	2	70.333	16.231	*
误　差	8.667	2	4.333		
总　计	49 676.000	9			

表5　L₉(3³)碧根果清洗试验正交试验结果

项目	A (碱液浓度/%)	B (清洗次数/次)	C (搅拌速度/r·min⁻¹)	现　象	色泽	去污	总评分
1	1	1	1	色泽暗，大量残留	18	44	62
2	1	2	2	色泽暗，有残留	19	52	71
3	1	3	3	色泽暗，少量残留	21	61	82
4	2	1	2	色泽亮，有残留	23	51	74
5	2	2	3	色泽亮，少量残留	24	61	85
6	2	3	1	色泽亮，有残留	25	52	77
7	3	1	3	焦黄色，有残留	14	56	70
8	3	2	1	焦黄色，有残留	15	54	69
9	3	3	2	焦黄色，少量残留	16	60	76
K_1	215	206	208				
K_2	236	225	221				
K_3	215	235	237				
$K_{1/3}$	71.7	68.7	69.3	$T=K_1+K_2+K_3=666$			
$K_{2/3}$	78.7	75	73.7				
$K_{3/3}$	71.7	78.3	79				
R	7	9.6	9.7				

影响次序　　　　　　　　　　　　　　　　C＞B＞A

最优组合　　　　　　　　　　　　　　　　A₂B₃C₃

调味效果随着调味液添加量变化呈现先升高后降低的状况,根据单因素试验结果,采用 $L_9(3^4)$ 正交试验并对结果进行数据分析(由于 4 因素,无自由度故适合方差分析),结果见表 6。

由表 6 可知,调配液风味的影响关系大小排序为 B>A>C=D,调配液的最佳配比为每 100 g 水中加入 7.5 g 食盐,10 g 白砂糖,0.35 g 复合甜味剂,15 g 浸出液。这种调配液,苦荞风味浓郁,甘中带甜。对上述最优组合进行验证性研究,并对结果进行评分,分别为 85、86、86、87、85 分,平均值 85.8 分,σ 为 0.84,表明结果稳定可靠。

2. 碧根果干燥及烘烤。

碧根果干燥及烘烤结果如图 3 所示,干燥及烘烤效果都随着温度及时间变化呈现先升高后降低的状况,根据单因素试验结果,采用 $L_9(3^4)$ 正交试验并对结果进行数据分析,见表 7 所示。

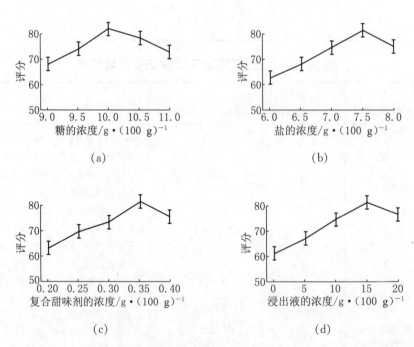

图 2   不同浓度白砂糖、食盐、复合甜味剂、浸出液对碧根果调味液的影响

表 7 结果显示,干燥、烘烤效果的影响关系大小排序为 C>A>D>B,最佳干燥、烘烤工艺为 90 ℃干燥 6 h,再 115 ℃烘烤 20 min,碧根果清香、酥脆并带有淡淡的苦荞风味。以上述最优组合进行验证研究,并对结果进行评分,分别为 88、90、89、91、90 分,平均值 89.6 分,σ 为 1.14,表明结果稳定可靠。

三、结论

优化了苦荞风味碧根果的生产工艺,确定了最佳清洗工艺为浓度为 0.5% 的 NaOH 清洗 1 次,再清水清洗 7 次,每次 15 min,并采用高速搅拌。确定的调味液配比为每 100 g 水中加入 7.5 g 食盐、10 g 白砂糖、0.35 g 复合甜味剂、15 g 浸出液。最佳干燥、烘烤工艺为 90 ℃干燥 6 h,再 115 ℃烘烤 20 min。最终的评分为 89.6 分。

一、产品特性描述及用途

产品名称	品名		面包		
	原料		面粉、酥油、鸡蛋、白砂糖、奶粉、奶油		
	辅料	非受限辅料	芝麻、葡萄干、瓜子片、肉松、烘焙馅料、β-胡萝卜素、食盐、酵母		
		受限辅料	面包改良剂（主要成分是硬脂酰乳酸钠）益面剂（硬脂酰乳酸钠） 泡打粉（主要成分焦磷酸二氢二钠）		
	产品外观描述		形态：完整，无缺损、龟裂、凹坑，形状应与品种造型相符 色泽：一般为金黄色，均匀一致，无烤焦、发白现象 气味：应具有烘烤、发酵后的面包香味或添加相应辅料的香味（如蔬菜、肉松、芝麻等香味），无异味 口感：松软适口，不粘、不粘牙，无异味，无未溶化的糖、盐粗粒 组织：细腻，有弹性；切面气孔大小均匀，纹理均匀清晰，呈海绵状，无明显大孔洞和局部过硬；切片后不断裂，并无明显掉渣		
	产品特性		一、理化指标 　1. 水分(%)：15.0%—40.0% 　2. 酸度(°T)：三次发酵法≤6 °T，其他发酵法≤4 °T 　3. 比容(mL/g)：普通面包≥3.4；花式面包≥3.2 二、卫生指标 　1. 酸价(以脂肪计)(KOH)/(mg/g) 　2. 过氧化值(以脂肪计)(g/100 g)≤0.25 　3. 铝(干样品，以 Al 计)/(mg/kg)≤100 　4. 总砷(以 As 计)/(mg/kg)≤0.5 　5. 铅(Pb)/(mg/kg)≤0.5 　6. 黄曲霉毒素 B_1(μg/kg)≤5.0 　7. 防腐剂、甜味剂、色素：按 GB 2760 规定执行 　8. 溴酸钾：不得检出 　9. 菌落总数/(cfu/g)≤1 500(热加工)；≤10 000(冷加工) 　10. 大肠菌群/(MPN/100 g)≤30(热加工)；≤300(冷加工) 　11. 致病菌(沙门氏菌、志贺氏菌、金黄色葡萄球菌)：不得检出 　12. 霉菌计数/(cfu/g)≤100		
	加工方式		以精制面粉、白砂糖、鸡蛋、酥油、奶粉为主要原料，以酵母为主要疏松剂，适量加入辅料，经发酵、烘烤而制成的面包		
	包装类型		塑料袋或塑料盒包装		
	储存条件		常温、干燥、通风环境，有冷藏要求的须冷藏，不得与有毒、有害、有异味等可能对产品发生不良影响的物品同库储存		
	运输方式及要求		严格控制运输温度，避免雨淋、日晒，搬运时小心轻放，不得同有毒、有害、有异味等可能对产品发生不良影响的物品混装运输		

续表

标签及使用说明	注明生产日期、净含量、保质期、生产厂商、生产地址、QS标志及编号、卫生许可证、执行标准、加工方式、联系方式等,符合GB7718要求
保质期	1—5天
销售方式	专柜、门店销售、团购
销售要求	在常温条件下销售,有要求冷藏的须放冷藏柜;避免阳光直射
食用方法	打开包装后直接食用
预期用途	销售对象无特殊限制,适用于广大消费群体

二、加工工艺流程图

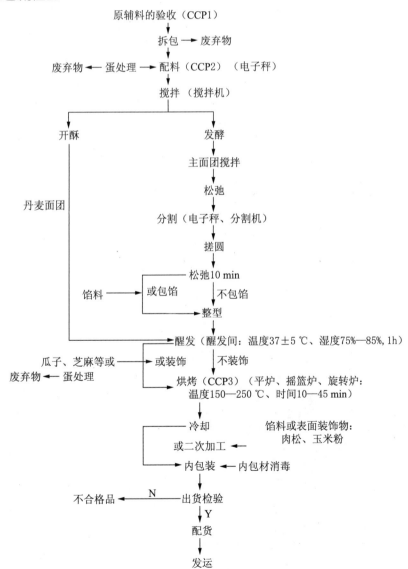

三、面包加工工艺描述

工序	工序名称	内容及作业标准	机台或设备	操作员	控制点	记录
1	原料辅料及包材的验收	各种原料、馅料、辅料、包材按相关作业指导书或标准验收合格后,入相应仓库贮存		IQC	原辅料卫生、化学残留	进料检验记录
2	原料辅料及包材的贮存	1.原料应注意离地离墙存放,不与有异味物品混放 2.内包材在储存中应注意防护,避免受到污染 3.按产品储存要求进行储存,以防变质		仓管员	内包材防护	
3	拆包	配料室从仓库将原辅料领出后,在拆包间将原辅料的外纸箱拆掉,用抹布将色拉油桶的表面灰尘擦干净。避免未经预处理的原辅料污染车间环境及人员	拆包间	配料员	拆除外包装	
4	配料	1.严格按照"生产任务单"及配方,准确称量出所用配料 2.添加剂严格按照标准量使用,不得超量 3.配料时,所拆除的线头、塑料边角放入垃圾桶,注意避免混入原辅料	立式磅秤、电子秤	配料员	添加剂配制量	配料记录
5	搅拌	1.检查所有粉料是否备齐,除盐外全部倒入面缸;开动机器慢速搅拌至粉料均匀混合 2.根据所要搅拌的面团配方计算所需要的冰块、水、鸡蛋以及其他湿性材料;倒入已均匀混合的粉料中 3.将粉料与水混合后开启搅拌机慢速搅拌。进入面团搅拌的第一个阶段水化阶段,其主要特征是:水化物质和水性物质充分混合所形成的粗糙的且黏湿的面团,整个面团不成型,无弹性,面团粗糙。这时候就可以换快速搅拌 4.快速搅拌后面团就会结团。这种程度叫卷起阶段,又叫成团阶段。主要特征是:面团中的面筋开始形成,面粉中的蛋白质充分吸水膨胀,由于面盘的形成,已形成面团。这时面团已不再黏连搅拌缸的缸壁,用手触摸面团时仍然会黏手,没有弹性,且延伸性也不好 5.扩展阶段:面团干燥不沾手,柔软具有光泽,已具有良好的弹性。这时就可以加入盐 6.加入油脂,慢速搅拌至油脂与面团均匀混合,快速搅拌至面筋扩展	搅拌机	操作员	搅面程度把握	

工序	工序名称	内容及作业标准	机台或设备	操作员	控制点	记录
6	发酵	7. 搅拌完成将面团捞起,放在工作台上醒发。搅拌完成的面团温度应在26℃—28℃之间.第一次醒发是面包制作过程中最重要的,面团在基础醒发的过程中,面筋得到充分的氧化,面团的延伸性更好。发酵的正确与否影响到面包品质的75%,其他则占5%,对面包的保鲜、面包的口感、柔软度和形状等等,都会产生很大的影响。基础醒发的理想的温度为27℃相对湿度75%,时间最少也要30 min以上			醒发温度、时间	
7	分割	1. 搅拌完成并醒发好的面团即可进入分割工序,将电子秤校零,以分割机的分割数量来计算所需要的称量的重量。 2. 将称好的面团滚圆。松弛5 min。即可用擀面杖擀开,平铺在分割盘内(分割盘内要搽少许食用油),压实。放入分割机。按下分割机启动开关	自动分割机	操作员	面团重量	
8	搓圆	分割好的面团倒出分割盘,平铺在桌面上。即可进行搓圆动作。手指弯曲,握住面团,放在操作台,指尖弯曲处留有空间,搓揉时,面团就在这个空间滚动,做定点绕圈回转,面团表层会因不断的转动而伸展至光滑状,将搓圆后的面团均匀的摆在烤盘里松弛,等待整形	操作台			
9	开酥(丹麦类面包)	分割后的面团包入起酥油,按相关作业指导书开酥,开酥中分3次送入冰柜冷冻松弛20—30 min,使面团恢复更好的伸展性,利于操作	丹麦机、丹麦间	机台操作员	松弛时间	
10	松弛	搓圆后的面团静置放置10 min左右			松弛时间	
11	整形	手工整形:擀开面团按《工艺规范书》标准包入馅料或不包馅料,并整出相应规格及形状的半成品 整形机整形:土司类产品用整形机压出面团气泡并卷成相应形状,并装模。压片时,面团在压辊间辊压,同时用手工拉、押。每压一次,需折叠一次,如此反复,直至面片光滑、细腻为止。技术参数:转速为140—160 r/rain,辊长220—240 mm,压辊间距0.8—1.2 cm	刀、擀面杖等工具、整形机	操作工	馅料用量是否符合标准;整形是否到位	

续表

工序	工序名称	内容及作业标准	机台或设备	操作员	控制点	记录
12	醒发	1. 温度(37±5)℃、湿度 75%—85%,时间:60—90 min(具体按照工艺规范谁实施) 2. 从醒发室取盘烘焙时,必须轻拿轻放,不得振动和冲撞,防止面团跑气塌陷 3. 特别注意控制湿度,防止滴水	醒发室	操作工	温度及时间	醒发记录
13	烤前装饰	烤前对产品表面进行装饰,在产品表面刷蛋黄、撒芝麻、瓜子片等	烘烤间	烤炉工		
14	烘烤	按照工艺规范书中的温度、时间设定烘烤	摇篮炉、层炉、旋转炉、烘烤间	烤炉工	温度及时间	烘烤记录
15	冷却	产品进入冷却室必须将其中心冷却至32—38 ℃时才可包装 冷却室条件:温度 22—26 ℃,相对湿度75%。空气环境落菌菌落总数≤30 cfu/g	冷却室	面包冷却时间、冷却室卫生	面包冷却时间、冷却室卫生	冷却室消毒记录
16	二次加工	1. 冷却后的产品,在冷加工车间进行二次加工,夹馅或分割 2. 冷加工车间使用前应对环境进行消毒,所使用的工器具及水果蔬菜应消毒,工器具应与烤前加工工序所使用的工器具分开 3. 人员应更换经消毒后的工作服,操作中佩戴手套及口罩	冷加工车间	操作工	冷加工环境卫生、操作人员卫生	冷加工车间消毒记录
17	内包装	1. 按照相应包装要求包装 2. 专用塑料袋在包材消毒间经过紫外灯消毒 30 min 以上	包装车间	包装工	冷加工环境卫生、操作人员卫生	包装间消毒记录
18	配货	1. 包装好的成品按照订货单发货 2. 发货过程中注意产品轻拿轻放,勿过度挤压变形	配货车间	配货员		

四、危害分析工作表-1

(1) 加工步骤	(2) 危害分析		(3) 属于引进、增加或控制?	(4) 判断依据	(5) 信息来源	(6) 危害评估结果			(7) 控制措施选择
						频率	严重性	风险结果	
馅料验收	生物	致病菌	引进	生产过程控制不当、产品不达标	GB/T21270—2007	很少	严重	C	HACCP 计划—烘烤 CCP3
	化学	酸价、过氧化值、铅、砷、防腐剂	引进	生产过程控制不当、产品不达标		很少	中度	C	HACCP 计划—原辅料验收 CCP1
	物理	无							
面粉验收	生物	致病菌	引进	面粉生产、仓储或运输污染	基本常识	很少	严重	C	HACCP 计划—烘烤 CCP3
	化学	重金属、农残、溴酸钾铜等	引进	小麦种植污染或面粉加工时添加剂	GB1355	很少	中度	C	HACCP 计划—原辅料验收 CCP1
	物理	无							
酵母验收	生物	无							
	化学	无							
	物理	无							
白砂糖验收	生物	致病菌、螨	引进	仓储或运输污染	基本常识	很少	严重	C	HACCP 计划—烘烤 CCP3
	化学	砷、铅、二氧化硫超标	引进	甘蔗种植污染和制糖控制不当	GB317	很少	中度	C	HACCP 计划—原辅料验收 CCP1
	物理	无							
起酥油、色拉油的验收	生物	致病菌	引进	生产过程控制不当、产品不达标	基本常识	很少	严重	C	HACCP 计划—烘烤 CCP3
	化学	氧化、过氧化值超	引进	生储存运输过程控制不当、产品不达标	基本常识	很少	中度	C	HACCP 计划—原辅料验收 CCP1
	物理	无		长期运作未出现					

续表

(1) 加工步骤	(2) 危害分析		(3) 属于引进、增加或控制?	(4) 判断依据	(5) 信息来源	(6) 危害评估结果			(7) 控制措施选择
						频率	严重性	风险结果	
鸡蛋验收	生物	致病菌	引进	蛋壳脏污处理不当	基本常识	很少	严重	C	HACCP计划—烘烤CCP3
	化学	重金属、农残等超标	引进	鸡饲料污染	GB2748	很少	中度	C	HACCP计划—原辅料验收CCP1
	物理	无							

危害分析工作表-2

(1) 加工步骤	(2) 危害分析		(3) 属于引进、增加或控制?	(4) 判断依据	(5) 信息来源	(6) 危害评估结果			(7) 控制措施选择
						频率	严重性	风险结果	
盐的验收	生物	无							
	化学	重金属等超过标准	引进	生产过程控制不当	基本常识	很少	严重	C	HACCP计划—原辅料验收CCP1
	物理	无							
食品添加剂验收	生物	无							
	化学	重金属超标等	引进	生产过程控制不当	GB1987—2007	很少	严重	C	HACCP计划—原辅料验收CCP1
	物理	无							
奶粉验收	生物	致病菌	引进	生产过程控制不当		很少	严重	C	HACCP计划—原辅料验收CCP1
	化学	重金属、三聚氰胺、抗生素等	引进	生产过程控制不当、原料引入	GB5410—1999、三聚氰胺事件	很少	严重	C	HACCP计划—原辅料验收CCP1
	物理	杂质(线头、金属等)	引进	生产过程控制不当	基本常识	很少	严重	C	OPRPS控制

续表

(1) 加工步骤	(2) 危害分析		(3) 属于引进、增加或控制?	(4) 判断依据	(5) 信息来源	(6) 危害评估结果			(7) 控制措施选择
						频率	严重性	风险结果	
瓜子、葡萄干等农产品验收	生物	致病菌、霉菌	引进	加工、运输过程污染	基本常识	很少	严重	C	HACCP 计划——烘烤 CCP3
	化学	农残等	引进	种植过程污染、产品不达标	GB2763—2005	很少	严重	C	HACCP 计划——原辅料验收 CCP1
	物理	杂质(线头、金属等)	引进	晾晒过程混入	基本常识	很少	中度	C	OPRPS 控制
塑料包装袋	生物	无							
	化学	重金属、添加剂超标	引进	生产过程控制不当	GB9683—1988	很少	严重	C	HACCP 计划——原辅料验收 CCP1
	物理	无							
仓储	生物	致病菌、霉菌	增加	仓储过程控制不当污染	基本常识	很少	严重	C	OPRPS 控制 ＋ HACCP 计划——烘烤 CCP3
	化学	无							
	物理	无							
拆包	生物	无							
	化学	无							
	物理	无							
配料	生物	致病微生物污染	增加	人员污染或容器消毒不彻底	基本常识	很少	严重	C	OPRPS 控制 ＋ HACCP 计划——烘烤 CCP3
	化学	添加剂超标	增加	计量不准确、操作不当	GB2760—2007	很少	中度	C	HACCP 计划——配料 CCP2
	物理	无							

103

危害分析工作表-3

(1) 加工步骤	(2) 危害分析		(3) 属于引进、增加或受控制？	(4) 判断依据	(5) 信息来源	(6) 危害评估结果			(7) 控制措施选择
						频率	严重性	风险结果	
搅拌	生物	致病微生物污染	增加	容器消毒不彻底	基本常识	很少	严重	C	HACCP 计划——烘烤 CCP3
	化学	洗涤剂污染	增加	洗涤后清洗不彻底	基本常识	很少	中度	C	OPRPS 控制
	物理	无							
发酵	生物	致病微生物污染	增加	容器消毒不彻底	基本常识	很少	严重	C	HACCP 计划——烘烤 CCP3
	化学	洗涤剂污染	增加	容器洗涤后清洗不彻底	基本常识	很少	中度	C	OPRPS 控制
	物理	无							
分割	生物	无							
	化学	无							
	物理	无							
搓圆	生物	致病微生物污染	增加	洗手消毒不彻底	基本常识	很少	严重	C	HACCP 计划——烘烤 CCP3
	化学	无							
	物理	无							
整形	生物	致病微生物污染	增加	烤盘不洁、人员、工具操作台污染	基本常识	很少	严重	C	HACCP 计划——烘烤CCP3+OPRPS 控制
	化学	无							
	物理	无							

续表

(1) 加工步骤	(2) 危害分析		(3) 属于引进、增加或控制?	(4) 判断依据	(5) 信息来源	(6) 危害评估结果			(7) 控制措施选择
						频率	严重性	风险结果	
蛋处理	生物	致病微生物污染	控制	鸡蛋消毒不彻底	基本常识	很少	严重	C	HACCP计划—烘烤 CCP3
	化学	洗洁剂、消毒剂残留	增加	鸡蛋清洗消毒时残留	基本常识	很少	严重	C	OPRPS控制
	物理	蛋壳	增加	打蛋时混入	基本常识	很少	中度	C	OPRPS控制

危害分析工作表-4

(1) 加工步骤	(2) 危害分析		(3) 属于引进、增加或控制?	(4) 判断依据	(5) 信息来源	(6) 危害评估结果			(7) 控制措施选择
						频率	严重性	风险结果	
包馅料	生物	致病微生物	增加	人员或工器具污染	基本常识	很少	严重	C	OPRPS控制
	化学	无							
	物理	无							
醒发	生物	致病微生物	增加	冷凝水滴落	基本常识	很少	严重	C	OPRPS控制
	化学	无							
	物理	无							
内包装杀菌	生物	致病微生物、	控制	包材杀菌不彻底	基本常识	很少	严重	C	OPRPS控制
	化学	无							
	物理	无							
烘烤	生物	致病微生物	控制	未按工艺要求烘烤	基本常识	很少	严重	C	HACCP计划—烘烤 CCP3
	化学	无							
	物理	无							

(1) 加工步骤	(2) 危害分析		(3) 属于引进、增加或受控制？	(4) 判断依据	(5) 信息来源	(6) 危害评估结果			(7) 控制措施选择
						严重性	频率	风险结果	
冷却	生物	致病菌、霉菌	控制	环境不洁造成微生物落菌	基本常识	严重	很少	C	OPRPS控制
	化学	无	-						
	物理	无							
内包	生物	致病菌、霉菌	控制	环境不洁造成微生物落菌；包装人员未按要求消毒污染成品	基本常识	严重	偶尔	B	OPRPS控制
	化学	无							
	物理	无							

五、HACCP 计划表

(1) 关键控制点 CCP	(2) 危害	(3) 关键限值 (CL)	监控系统					(9) 纠正措施	(10) 记录	(11) 验证
			(4) 时机	(5) 装置	(6) 核准	(7) 频次	(8) 监控者			
CCP1 原辅料验收	添加剂、重金属、农残超标	见 CCP1 分解表	每次供方评价时	—	—	每半年（供方提供型式检验报告）	IQC	拒收；供应商评价；退货	原物料进货检验验记录、供方档案、检测报告	品保部审核各相关表；化验室检测验个别项目
CCP2 配料	添加剂过量使用	面包改良剂：8 g/kg（面粉）益面剂：8 g/kg 泡打粉：30 g/kg	配料时	天平	每年	每批	配料员	重新称量、配置	配料记录、纠正记录、检定报告	搅拌工每批搅拌前复核、现场抽品检抽检表审核

续表

(1) 关键控制点 CCP	(2) 危害	(3) 关键限值(CL)	监控系统					(9) 纠正措施	(10) 记录	(11) 验证
			(4) 时机	(5) 装置	(6) 校准	(7) 频次	(8) 监控者			
CCP3 烘烤	致病菌超标、霉菌	烘烤温度:150 ℃—230 ℃ 烘烤时间:10 min—45 min 具体以产品技术文件为准	烘烤时	温度计、计时器	每年	每一炉	烘烤操作工	如偏离,停止烘烤,调整温度和时间,半成品重新烘烤或对半成品进行隔离、评估;分析偏离的原因,防止再次发生	《烘烤记录表》;纠正记录;检定报告	生产主管每日审核一次记录;温度计每年校正;品保每日对每批次成品进行一次微生物检验

HACCP 附件:CCP1(原辅料验收)分解表

序号	1 验收产品	2 安全危害	3 关键限值(CL)	4 CL 建立依据
1	面粉	重金属、农残、溴酸钾等	Pb≤0.2 mg/kg;As≤0.1 mg/kg;Hg≤0.02 mg/kg;六六六≤0.05 mg/kg;滴滴涕:不得检出	GB1355—1986(小麦粉); GB2715—2005(粮食卫生标准)
2	植物油	酸价、过氧化值、重金属、溶剂	Pb≤0.1 mg/kg;As≤0.1 mg/kg;酸价(以脂肪计)(g/100 g)≤0.25;过氧化值(以脂肪计)(KOH)/(mg/g)≤3;溶剂≤mg/kg;黄曲霉素 B_1≤mg/kg;苯并芘≤10 μg/kg	GB7653—87(大豆色拉油); GB2716—2005(植物油卫生标准)
3	烘焙馅料	酸价、过氧化值、重金属	酸价(以脂肪计)(KOH)/(mg/g)≤5.0;过氧化值(以脂肪计)(g/100 g)≤0.25;铝(干样品,以 Al 计)/(mg/kg)≤100;总砷(以 As 计)/(mg/kg)≤0.5;铅(Pb)/(mg/kg)≤0.5;黄曲霉素 B_1(μg/kg)≤5.0	GB/T21270—2007(馅料)
4	酵母	铅、砷超标	砷(以 As 计)/(mg/kg)≤0.5;铅(Pb)/(mg/kg)≤0.5	QB/T1501—1992(面包酵母)
5	鸡蛋	重金属、农残等超标	无机砷(mg/kg)≤0.05;铅(Pb)/(mg/kg)≤0.2;镉(mg/kg)≤0.05;汞(mg/kg)≤0.05;六六六(mg/kg)≤0.05;滴滴涕≤0.1 mg/kg	GB2748—2003(鲜蛋卫生标准)、GB2763—2005(食品中农药最大残留限量)

续表

序号	验收产品	安全危害	关键限值（CL）	CL 建立依据
1	2		3	4
6	瓜子、葡萄干、芝麻等农产品	重金属、农残等超标	无机砷（mg/kg）≤0.05；铅（Pb）/（mg/kg）≤0.2；镉（mg/kg）≤0.05；汞（mg/kg）≤0.05；六六六≤0.1 mg/kg，滴滴涕≤0.1 mg/kg	GB2762—2005（食品中污染物限量），GB2763—2005（食品中农药最大残留限量）
7	奶粉	重金属超标	砷（mg/kg）≤1；铅（Pb）/（mg/kg）≤0.5	GB5410—1999（乳粉）
8	白砂糖	铅、砷超标	无机砷（mg/kg）≤0.05；铅（Pb）/（mg/kg）≤0.5	GB317—2006（白砂糖；GB13104—2005（食糖卫生标准）
9	包装袋	重金属、添加剂超标	铅（Pb）/（mg/kg）≤1；高锰酸钾消耗量（水）（mg/l）≤10；甲苯二胺（4%乙酸）≤0.004；正乙烷，2 h≤30；65%乙醇，常温，2 h≤10	GB9688—1988（食品包装用聚丙烯成型品卫生标准）
10	食盐	重金属	砷（mg/kg）≤0.5；铅（Pb）/（mg/kg）≤1	GB2721—1996（食盐卫生标准；GB5461—2000（食用盐）

图 1　新产品加工现场

图 2　新产品展示

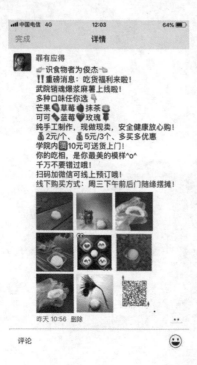

图 3　新产品宣传

图 4 新产品试销现场

图书在版编目(CIP)数据

食品专业创新创业训练/吴玉琼主编. —上海:复旦大学出版社,2020.3(2023.8 重印)
(复旦卓越.应用型教材系列)
ISBN 978-7-309-14938-8

Ⅰ.①食…　Ⅱ.①吴…　Ⅲ.①食品工业-产品设计-高等学校-教材　Ⅳ.①TS2

中国版本图书馆 CIP 数据核字(2020)第 041669 号

食品专业创新创业训练
吴玉琼　主编
责任编辑/方毅超

复旦大学出版社有限公司出版发行
上海市国权路 579 号　邮编:200433
网址:fupnet@ fudanpress. com　http://www.fudanpress.com
门市零售:86-21-65102580　团体订购:86-21-65104505
出版部电话:86-21-65642845
上海华业装潢印刷厂有限公司

开本 787×1092　1/16　印张 7.5　字数 132 千
2023 年 8 月第 1 版第 2 次印刷

ISBN 978-7-309-14938-8/T·667
定价:36.00 元